钻 探 工 程

王利明　吴兴民　主　编

马艳美　董雪峰　副编辑

南开大学出版社

天　津

图书在版编目(CIP)数据

钻探工程 / 王利明，吴兴民主编. —天津：南开大
学出版社，2014.5
ISBN 978-7-310-04496-2

Ⅰ．①钻…　Ⅱ．①王…②吴…　Ⅲ．①钻探工程
—中等专业学校—教材　Ⅳ．①P634

中国版本图书馆 CIP 数据核字(2014)第 098955 号

南开大学出版社出版发行
出版人：孙克强
地址：天津市南开区卫津路 94 号　　邮政编码：300071
营销部电话：(022)23508339　23500755
营销部传真：(022)23508542　　邮购部电话：(022)23502200
＊
唐山天意印刷有限责任公司印刷
全国各地新华书店经销
＊
2014 年 5 月第 1 版　　2014 年 5 月第 1 次印刷
240×170 毫米　16 开本　12.125 印张　203 千字
定价：26.00 元

如遇图书印装质量问题，请与本社营销部联系调换，电话：(022)23507125

编写指导委员会

序　言

在我国进行社会主义经济体制改革和实现现代化建设战略目标的关键时期，中等职业教育如何适应新时期的发展需要？如何更好地培养数以亿计的、能在各行各业进行技术传播和技术应用的、具有创新精神和创业能力的高素质劳动者和中、高级专门人才？这是我们所有职教人必须面对的共同命题。

我校六十年的教学改革实践证明，课程改革是教育教学改革的核心，是改变中等职业教育理念、改革中等职业教育人才培养模式、提高中等职业教育教学质量、全面推进素质教育的突破口，而教材建设正是课程改革的关键点。那么，如何推进中等职业学校的教材建设？这不单是教育行政部门、研究部门的工作，更应是广大中职学校、教师的使命。

因此，我们必须认真研究中职学校的课程教材现状，探究专业诉求和发展前景，设置有中职特色的课程标准和新课程体系，开展有中职特色的教材编写。

本系列教材是我校在开展国家示范校建设的大背景下，结合自身教育教学改革实际，开创性编写的适用于学校发展特点的一套丛书。它紧跟时代发展，紧贴企业需求，对接行业职业标准和职业岗位能力，符合五个重点专业的教学建设要求，突出工学结合培养模式，强调教、学、做一体化内容，更加符合学生的认知规律，整体上突显了技工院校的办学特色。

与传统教材相比，本系列丛书更强调新知识、新技术、新工艺、新方法的运用。在编写形式上，打破了以文字表述为主的枯燥形式，添加了生动形象的图片资料，教材更显立体化、数字化、多样化。

看到这套丛书的付梓出版，我很激动。因为这项科学的课程改革工作，凝结了我校教育工作者的辛勤汗水，浸润着全体教师的拳拳赤子之情。在此，我谨向本系列丛书的编者表示诚挚的谢意，感谢你们对学校的发展做出的突出贡献！

最后，衷心道一声：你们辛苦了！

吴兴民
2013 年 12 月

前　言

本书作为地勘专业的主要课程之一，是国家示范校的建设项目之一。通过一体化教学模式来编写的教材，包括岩心钻进、水文水井钻进、工程钻进三个项目，每个项目又分设 2~3 个任务，通过这几个任务的展开，使得学生能够掌握该方面的知识。

岩心钻进的项目通过浅孔钻进、中孔钻进、深孔钻进三个任务来介绍岩心钻进方面的知识；水文水井钻进的项目包括 100 m 水井的钻进和 250 m 水井的钻进两个任务；工程钻进的项目包括施工钻孔桩和粉体喷射深层搅拌桩两个任务。

每一个任务都分为五个步骤：

1.确定学习目标。使得学生一打开书就能知道自己所要学习的知识。

2.接受学习任务。然后通过任务的展开，使得学生在明确学习目标的前提下，接受学习任务，而且在学习的时候能够有一条主线使得学生能够主动学习专业知识。

3.资讯。资讯介绍了各个任务涉及的知识点，使得学生在完成工作的时候能够参考教科书，从书中查找相关的知识，在完成任务的过程中能够学习到专业知识。

4.实施。实施相当于是普通教材的课后习题，是让学生在完成任务之后通过实施来检查自己的学习成果。

5.总结与评价。总结与评价是学生对自己的学习成果进行评价，并对自己在完成任务过程中所遇到的问题进行总结、反思。

本教材主编是王利明、吴兴民，副主编为马艳美、董雪峰。

由于时间仓促，材料编写人员水平有限，难免有疏漏之处，敬请批评指正。

编　者

2013 年 12 月

目 录

项目 1

岩心钻进

学习导入

　　本项目学习岩心钻进，掌握浅孔钻进、中孔钻进和深孔钻进的工作流程，注意安全操作事项。

任务 1　浅孔钻进

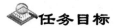
任务目标

　　1.能够平整场地并且会安装调试钻探设备；

　　2.能够选用进行浅孔作业的钻机；

　　3.掌握浅孔钻进的工作流程；

　　4.掌握工作过程中的安全操作事项；

　　5.能够对自己的工作做合理的评价总结。

任务描述

　　能够合理选用钻机进行浅孔作业，并对自己的成果作出总结。

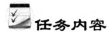
任务内容

1. 场地平整与设备安装

　　1）场地平整要求

　　平整场地目的的是安全可靠地安装钻塔和钻探设备，以便钻探施工正常进行。

　　（1）场地平整规定

　　钻探生产的场地或地盘，除用来安装钻塔、钻机和附属设备外，有的还要用来修建冲洗液循环系统、摆放管材工具以及岩（矿）心和土样等。因此，平整场地前需要考虑所需修建地盘的位置、方位和面积。

①确定场地位置、方位的依据

a．地盘的位置

主要依据钻孔空位而决定。钻孔位置上地质人员根据地质调查结果，为达到一定目的而布置；施工人员一般不得随意移动孔位。如因地形环境特殊，为了方便施工和节省费用，却有必要移动孔位时，必须事先征得地质人员同意，方可沿勘探线方向前后移动适当距离。

b．地盘的方位

通常是依据钻孔的方位而决定。直孔对地盘没有方位的要求，只要能够满足布置全套设备，并力求做到施工方便、减少土石挖方量，同时要注意和考虑当地的季节、风向对钻塔的作用于影响。如：夏季可使塔门对正主导风向；秋冬季节应采用钻塔一角或无门的一侧迎着主导风向。对于斜孔，则应根据钻孔的方向，使地盘的纵向（长轴方向）中心线与钻孔方位线垂直。

②确定场地规格、面积的依据及要求

地盘的规格、面积是依据施工机械设备的类型、冲洗液循环系统布置以及辅助设备配置和材料的摆放等占地所确定。如果钻孔布在地质、地形条件差的位置，在不影响正常生产的前提下，应尽量减小地盘的面积，以降低消耗和减少费用；在平原地区施工也要尽量少占农田。

③修筑地盘注意事项

修筑的地盘要做到平坦和牢固，在不同的场地上修筑地盘应注意以下几点：

水平地盘：虽然平整工作比较简单，但应做到修筑的地盘要坚实，周围要挖出排水沟。

山坡地盘：可采用削高填低的平整方法，并做到如下要求：

a．场地削坡要求

靠山坡一侧，若岩石坚硬稳固，其坡度一般控制为 60~80°；特别松散时应不大于 45°。要清除活动石块。

b．场地填方要求

填方面积不得超过地盘面积的 1/4，且填方部分要夯实；必要时可砌墙，以防坍塌或溜方。

在悬崖下修建地盘时：

在清除坡上活石的同时，还要在离厂房 3~5m 的上方开挖一条积食沟，以防活石落下伤人或砸坏设备器材。

在河滩或山沟修建地盘时：

应将地盘的纵长方向与水流方向平行（斜孔除外），并在地盘外围修筑简易拦河坝或排水沟，以防山洪侵袭和场地积水，条件允许时，要尽量避开雨季施工。

平整地盘遇坚硬岩石时：

需进行爆破作业，应在当地公安机关备案并严格执行有关爆破作业安全规定。

（2）面积体积计算

①面积计算

场地面积=长×宽

②体积计算

a．三棱柱体积=1/2（长×宽×高）

b．梯形棱柱体积=1/2（上顶面积+下底面积）×高

（3）施工场地验收

①丈量长宽

a．场地长度

指以钻孔为基准中心，在钻孔场地的长轴方向上，与其垂直的两外边线之间的距离。多用钢圈尺或皮尺进行丈量；以 m 作计量单位。

b．场地宽度

指在钻孔场地的短轴方向上，与其垂直的两外边线之间的距离。采用钢卷尺或皮尺进行丈量；以 m 作计量单位。

c．场地高度

指在钻孔场地的长轴、短轴方向上，由填方的最低水平线处至挖方的最高水平线处的距离。可用直尺、钢卷尺或皮尺等量具进行丈量；以 m 作计量单位。

②平整度检测

用一根 ø10~12 的透明塑料管盛入清水，并排除水中的空气；将其一端固定于场地中央的一点，另一端绕其四周转动，分别在各个方向定点停留、观测出各测点透明塑料管内水泡的变化，以此比较、确定各观测点场

地的位置高差程度情况。

2）设备安装

钻探设备的安装是完成钻探生产任务的基础，安装工作的质量将直接影响到钻探生产的质量和效率，如果设备基础不牢或安装不符合要求，就有可能给后面的钻进工作带来各种困难，甚至会造成人身伤亡和机械设备损毁等严重事故。因此，安装工作必须做到严谨可靠，以保证钻进工作的顺利进行，并实现安全低耗和优质高效。

钻探机械包括钻机、动力机、泥浆泵等，要根据一定的技术要求，用螺栓全部固定在基台上。安装的牢固程度和位置的准确与否，将直接影响到钻探生产的整个过程。液压钻机一般采用动力机直接传动，钻机和动力机成一整体安装在底座的机架上。泥浆泵有的则需要单独配备动力机，大多情况是安装于基台木上。

（1）辅助设备安装

①泥浆搅拌机安装

a. 泥浆搅拌机的安装位置通常布设在钻场后部接近水源池处。

b. 搅拌机的皮带轮与动力机驱动轮应保持平行。

c. 泥浆搅拌机的安装应平整，四周用爬（抓）钉或螺栓与基台木进行固定。

②拧管机安装

a. 拧管机的安装规格尺寸如图 1-1 所示。安装时应注意使拧管机的回转中心与天车、井口中心三点成一条直线。

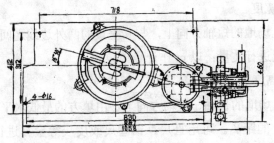

图 1-1　NY-100 型液压拧管机的安装位置图

b. 用四根螺栓把拧管机稳固安装在基台木上。

c. 将钻机操作阀的螺堵卸下，把拧管机上油马达的高压软管接上，同时将回油软管和漏损油管接钻机油箱相应位置上。

d. 在接油管的过程中，严防任何污物进入油管内，并严防碰上接头丝扣。

e. 安装后，试车运转应平稳，无卡阻，用高压油驱动时转速应达到100 r/min 以上。

③BW-250 型泥浆泵的安装

BW-250 型泥浆泵是一种卧式往复式三缸单作用活塞泵。该泵变量范围大（35~250L/min），适用于 1500m 以内孔深的各种不同钻进方法的岩心钻进。

BW-150 型泥浆泵也是一种卧式往复式三缸单作用活塞泵。该泵变量范围大 32~150L/min，总质量（含电机）516kg，适用于 1000m 以内孔深的金刚石小口径岩心钻进。

（2）安全防护设施安装

①传动系统防护罩安装

a. 钻机卷扬防护罩

应做到连接、安装稳固，安全可靠。

b. 带传动安全护栏：在动力机与钻机、动力机与泥浆泵或搅拌机之间的皮带传动或传动轴连接位置，应安装防护栏杆或防护罩，以防意外触摸和皮带突然断裂而发生伤人事故。材料可以采用木质或金属材料制作；连接、安装应稳固，安全可靠。

②其他安全防护设施安装

a. 钻塔绷绳

钻塔绷绳的设置，是为了防止大风或其他非正常情况产生的横向荷载使钻塔倾倒，以增加其稳定性。一般 20m 以下的钻塔每个塔腿各设一根绷绳，系于塔高 3/4 处。2m 以上钻塔每个塔腿各设两根绷绳，一根系于大梁，另一根系于塔腰，绷绳一般采用直径为 12.5mm 或 15.5mm 的钢丝绳；其长度应根据钻塔高度决定，一般与地面夹角以不大于 45º 为宜。各绷绳要在四周均匀对称分布，地面埋设必须牢固；坚硬地层可用钢钎打眼，将钢钎或废钻杆与钢绳连接后插入眼内，用水泥浇筑。在松软地层则可挖不浅于 1m 的深坑；将长 1m 左右的木柱或废套管与钢绳连接后横放于坑内，填入土石并夯实。一般在绷绳靠近地面位置设一拉紧器，待地面连接牢固后将绷绳拉紧。

b. 防火设备

机场内应备有足够数量的灭火器具。如灭火器、铁锹、沙袋、防火钩等。冬季施工时，场内安设火炉取暖，火炉烟筒要通向场房外面，烟筒与场房接触点应有绝热保护，并需设专门炉座。火炉与壁板、塔布的距离应在 0.5m 以上。

2. 泥浆制备

1）钻孔冲洗液概述

（1）钻孔冲洗液的功用

钻孔冲洗液是指地质钻探过程中，以其多种功能满足地质钻探工作需要的各种循环介质的总称。冲洗液的循环是通过泥浆泵来维持的。从泥浆泵排出的高压冲洗液经过高压胺管、水龙头、主动钻杆、钻杆、取芯筒到钻头，从钻头底部水口流出，以清洗孔底并携带岩屑，然后再沿钻杆柱与孔壁（或套筒）形成的环形的空间向上流动，到达地面后经循环槽、沉淀池流到泥浆池，又再进入泥浆泵循环使用。冲洗液流经的各类管件、槽池、设备构成的一整套系统，称为钻孔洗液的循环系统。

冲洗液是地质钻探工程不可或缺的重要组成部分；随着地质勘探工作的增加和找矿区域的不断扩大，找矿区域地层的复杂程度也相应增加，钻孔叶将越来越深，钻孔冲洗液在确保安全、优质、快速成孔中起着越来越重要的作用。冲洗液最基本的功用有以下几点：

①冷却和润滑钻头、钻具

钻进过程中钻头一直在一定压力下告诉旋转并破碎岩层，产生很多热量，同时钻具也不断地与孔壁摩擦而产生热量，正是通过冲洗液连续地循环作用，将产生的这些热量及时地不断吸收，然后带到地面释放到大气中，从而起到了冷却钻头、钻具，延长其使用寿命的作用。由于冲洗液的存在，使钻头、钻具均在液体内旋转，因此在很大程度上降低了钻具与孔壁的摩擦阻力；起到了很好的润滑作用。

②携带和悬浮岩粉

冲洗液最基本的功用就是通过其本身的循环，将孔底被钻头破碎的岩屑带到地面，以保持钻孔的清洁，使起下钻畅通无阻，并保证钻头在空底始终接触和破碎新地层，不造成重复切削岩屑，保持安全快速钻进。在加单根，起下钻或因故停止冲洗液循环时，冲洗液又将孔内的岩屑悬浮在其中，让岩屑不会很快下沉，防止沉砂、卡钻、埋钻等事故的发生。

③稳定孔壁和平衡地层压力

钻孔孔壁稳定，孔眼规则是实现安全、优质快速成孔，提高岩（矿）芯采取率，防止孔斜的基本条件。性能良好的冲洗液应能借助于液相的滤失作用，在孔壁上形成一层薄而带韧性的泥皮，以稳固已钻穿的地层并阻止液相侵入孔壁地层，减弱泥页岩水化膨胀和分散的程度。与此同时，在钻进过程中还需要根据孔内情况的变化，不断调整冲洗液的密度，使液柱能够平衡地层压力，从而防止孔壁坍塌、冲洗液漏失或空难日涌水等复杂情况的发生。在石油钻进中，还可预防井喷等情况的发生。

④传递液动力

在液动冲击回转钻进，射流反循环等特殊钻探方法中，通过冲洗液传递动力，以提高钻探效率及钻探质量并且已被广泛应用。

其实，通过实践表明，作为一种优质冲洗液仅做到以上几点是不够的，上述几点只是其最基本的功用，现代成孔（成井）技术在油气钻井方面还要求泥浆必须与所钻遇到的油气层匹配，以满足保护油气层的要求，为了满足地质要求，所使用的泥浆必须有利于测井工作，不影响对地层的评价，泥浆还应对钻探人员不发生污染，对孔内钻具及地面设备不产生腐蚀或尽可能减轻腐蚀等。

（2）钻孔冲洗液的种类

到目前为止，钻孔冲洗液分为清水、泥浆、乳状液、特殊冲洗液和空气。

①清水

钻进稳定地层时，多数时候都采用清水作钻孔冲洗液。用清水冲洗钻孔的优点是，钻进效率高，钻头冷却效果好，使用简便，劳动强度低等，因而被广泛采用。

②泥浆

泥浆是黏土分散在清水中形成的冲洗液。钻进不稳定地层或复杂地层时，无论是水敏性地层还是无胶结松散破碎地层，使用泥浆冲洗钻孔均可获得良好的护壁携砂效果，通过加入不同的泥浆处理剂，可认为调节泥浆性能，用以对付涌水，井喷、部分漏失、处理孔内事故等许多复杂情况。因此，油气井钻进几乎全部使用泥浆做冲洗液，而地质钻探钻进复杂地层时也采用泥浆做钻孔冲洗液。

③乳状液

在稳定地层采用小口径金刚石钻进，特别是金刚石绳索取心钻进稳定地层时，为了减少钻具与孔壁之间的摩擦阻力，钻具可以搞转速旋转，多用水包油型乳状液（即乳化液）做钻孔冲洗液，或采用表明活性水溶液（即润滑冲洗液）冲洗钻孔，以期获得良好的润滑效果。

④特殊用途冲洗液

钻进盐层时使用的饱和盐水冲洗液，钻进漏失地层时采用的泡沫冲洗液，地热井钻进时使用的抗高温冲洗液等。

⑤空气

采用压缩空气清洗钻孔，有利于提高机械钻速，更适应于缺水地区及漏失地层钻进。空气钻进已在锚杆、锚索等边坡稳固，地灾治理得到广泛应用。高压空气不但能冲洗钻孔、冷却钻具，同时还作为启动冲击器的动力介质，传输动力。

（3）地质钻探队冲洗液的要求

冷却和润滑钻头、钻具，携带和悬浮钻屑，保护孔壁是钻孔冲洗液的基本作用，是对任何一种冲洗液的最起码要求。但在钻探不同的矿种，钻进不同的地层时，对冲洗液又有不同的要求，现简述如下：

①冲洗液应具有良好的冷却散热能力

冲洗液良好的冷却散热能力能延长钻头的工作寿命和提高钻进效率。使用清水、乳状液和表面活性水溶液做钻孔冲洗液时，均具有良好的冷却散热能力，使用泥浆时，尽可能采用剪切稀释作用良好的低固相泥浆冲洗钻孔，以达到对钻头具有良好的冷却散热作用的目的。

冲洗液应具有良好的润滑性

小口径金刚石钻进的特点就是钻具高速旋转以达提高钻速的目的。此时钻具的润滑就显得特别重要。因此，金刚石钻进一般均采用润滑性能良好的乳状液，表明火星水溶液和乳化（润滑）泥浆等做冲洗液。

③冲洗液应具有良好的剪切稀释作用

这有利于携带钻屑和清除钻屑。含砂量少可剪切冲洗液对钻头、钻具及泥浆泵的磨损，以及减少孔内事故，减少重复破碎以提高钻速。

④冲洗液应具有良好的护壁、防喷、防漏失等作用

对于水敏性地层产生的孔壁坍塌，应采用能抑制地层产生水敏感的冲洗液（如各种钙处理泥浆、盐水泥浆、聚丙烯酰胺泥浆等）；对无胶结地层的坍塌，应采用适当黏度、失水量和比重的泥浆，以维护孔壁的稳定。对易溶地层应采用饱和盐水或饱和盐水泥浆，防止孔壁和岩心被溶解；对涌水和井喷地层，应适当增加泥浆密度以达平衡地层压力的目的，对漏失

层应减小泥浆密度，并同时调节泥浆黏度以及加入堵漏材料等。

⑤冲洗液应具有良好的抗外因干扰能力

盐侵钙侵对泥浆何乳状液的性能均有较大的影响；黏土侵增加泥浆固相，影响钻进工作；深孔高温和地热钻进要考虑温度对泥浆的影响等。遇到上述问题都得设法给与解决。

⑥冲洗液应具有良好的质量

要防止冲洗液污染矿石品质，污染油气层或压死及堵塞油气层；减少钻孔超径有利于防斜；泥浆切力不应过大，以利于测井仪器下入孔内；控制泥浆电阻率以利电测井工作的开展；冲洗液应无毒易降解，以免伤及人身安全和破坏环境；冲洗液还应不具腐蚀性或只有轻腐蚀性，以减轻对钻具、设备等的腐蚀作用等。

（4）钻孔冲洗液循环方式

人们把冲洗液比作钻探工程的血液，是血液就得产生循环才起作用。钻孔冲洗液循环分为正循环和反循环两种方式。反循环又可分为全孔反循环和孔底局部反循环。

①正循环

用正循环方式进行钻孔冲洗时，冲洗液通过水泵压送，通过孔口密封装置，从钻杆与孔壁环状间隙进入孔内，由钻头水口进入岩心管和钻杆中，再经胶管返出至冲洗液储备池中，如图 1-2 所示。

正循环钻进时，冲洗液由钻头内部（或钻头水眼）流出冲向孔底，有利于破碎岩石及排除钻屑。其循环系统结构简单，不需要孔口密封等附加装置。因此，这种循环方式在各种钻进方法中均得到广泛应用。

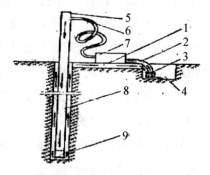

图 1-2 全孔正循环冲洗钻孔示意图
1-循环槽；2-吸水管；3-莲蓬头；4-水源箱；5-水接头；
6-高压胶管；7-水泵；8-钻杆；9-钻头

②反循环

a. 全孔反循环

全孔反循环冲洗液流的方向正好和正循环相反。冲洗液经过使泵压送，通过孔口密封装置，从钻杆与孔壁环状间隙进入孔内，由钻头水口进入岩心管和钻杆中，再经胶管返回至冲洗液储备池中，如图 1-3 所示。

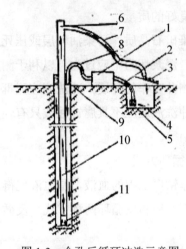

图 1-3　全孔反循环冲洗示意图

1-水泵；2-吸水管；3-岩屑；4-水源箱；5-莲蓬头；6-水接头；

7-回水管；8-高压胶管；9-孔口密封器；10-钻杆；11-钻头

全孔反循环冲钻进你时，孔口必须密封，才能使冲洗液被压入孔内，让冲洗液循环起来，起到应有的作用。孔口密封装置在保证孔口密封的同时，还必须允许钻杆柱能自由回转和上下移动。

采用全孔反循环钻进时，由于冲洗液是从钻杆内往上返至地表，冲洗液流经的断面较小，因而上返流速较高，有利于较大颗粒的钻屑带出孔外，保持孔底清洁。在大口径水井钻进，较深钻孔灌注桩施工和空气钻进中，为了能较好地带出岩屑，可采用全孔反循环方式冲洗钻孔，小口径金刚石钻进孔深较浅和隧道内水平钻孔时，也可考虑用全孔反循环冲洗钻孔，借助水力将岩心从钻杆中带出孔口，以实现反冲洗连续取心，减少提钻取心的时间，达到提高钻进效率的目的。

全孔反循环方式还作为提高岩石矿心采取率的一种措施。因为，在进行反循环方式冲洗钻孔时，冲洗液的流向与岩心进入岩心管的方向是一致的，它能使岩心管内破碎的岩心处于悬浮状态，这有利于采心率的提高。而且冲刷孔壁的负作用较小。但冲洗液流速过大时可能使岩心顺序发生颠倒混乱。

全孔反循环方式虽由一些优点，但其应用范围是有限的，如党钻孔漏失时，此方式便不可用。

b. 孔底局部反循环

孔底局部反循环方式与全孔正循环方式基本相同，只是在岩心管上部与钻杆之间加了一个喷射式反循环接头。接头一下形成局部反循环，接头以上仍然维持正循环方式，如图1-4所示。

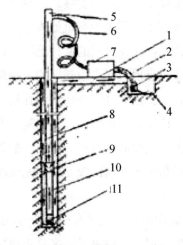

图1-4 综合式循环冲洗示意图

1-循环槽；2-吸水管；3-莲蓬头；4-水源箱；5-水接头；
6-高压胶管；7-水泵；8-钻杆；9-喷反头；10-岩芯接管；11-钻头

局部反循环方式其冲洗液由水泵压送，经高压管线，水龙头进入钻杆，再经过特制的喷射式反循环接头，在岩心管与孔壁环状间隙产生射流，在负压作用下，岩心管的冲洗液连续吸入喷射反循环接头内的喷咀与扩散管间并被喷射，使冲洗液在岩心管与孔壁间隙，岩心管内壁与岩心间隙及扩散管间，形成局部的反循环。

这种循环方式常用于难以取心的松散岩层和硬、脆、碎岩层，作为提高岩矿心采取率的技术措施之一，得到较多的应用。

无泵钻进法也是一种孔底局部反循环方式，它是依靠钻具的上下提动，造成抽吸负压实现孔底局部反循环的。

（5）泥浆的产生和发展

19世纪末20世纪初，人们在钻进实践中发现，清水钻进易溶地层时的浆液，除有冷却钻头，携带钻屑等作用外，还有保护孔壁的作用。即它比清水钻进有更多的优点，于是由天然造浆进一步发展到了人工造浆。随着 20 世纪三四十年代石油钻井工程的蓬勃发展，人们对泥浆的研究层层深入，建立起了真正意义上的泥浆技术，走上了科学应用泥浆的道路。

近二三十年来，泥浆技术又有了许多新的发展。即由细分撒泥浆阶段，发展到粗分撒钙基泥浆和盐水泥浆阶段，进而发展到目前的不分散低固相泥浆和无固相泥浆冲洗液阶段，并发展了乳化泥浆、油基泥浆、充气泡沫泥浆等特殊品种，打万米深孔的泥浆已被研制出来并进行了应用。

泥浆材料的应用也取得了很大的发展。泥浆化学处理剂，由几种简单的无机化学处理剂发展到了使用多种有机处理剂，并广泛采用了各种新型高分子材料和表面活性剂，泥浆材料的品种已达二百多个。

泥浆性能测试仪器也已现代化。由初期的几种简单仪器发展到能适应系统研究泥浆流变性、过滤性和高温高压下进行测量的仪器，以及利用电子技术进行连续测量、计算、记录的仪器。在基浆配置方面，已由就地取土配浆到多种优质黏土粉的商品化生产和供应，配置出了优质泥浆。泥浆净化也由简易的泥浆槽和沉淀池向比较完整的泥浆净化和固相控制设备的使用转化。

就目前我国地质钻探而言，几十年来，在学习石油钻井经验的基础上，也应用了多种类型的泥浆，解决了许多复杂地层的钻进难题。如使用了分散性泥浆，钙处理泥浆，盐水泥浆和聚丙烯酰胺不分散低固相泥浆等。随着小口径金刚石钻探技术的普及和发展，广泛使用了多种低固相乳化泥浆何无固相冲洗液。我国目前使用的泥浆处理剂已达数十种。

2）泥浆材料的识别

（1）泥浆基本原料

泥浆是黏土和水共同组成的悬浮液和胶体溶液的混合物。其中黏土是分散相，水是分散介质，它们组成了固--液分散体系。不同黏土在水中分散时，其分散程度是不相同的。如钠蒙脱石矿物（钠膨润土）颗粒较细，分散度高，其中有较多颗粒可分散成胶体颗粒，对造浆有利。而一些非蒙脱石矿物（如高岭石，伊利石黏土矿物）颗粒较粗，分散度较低，大部分颗粒分散成悬浮体，对造浆不利。

为了使黏土颗粒能在水中更好分散和稳定，以及根据孔内情况对泥浆性能进行调节，需要往泥浆中加入无机或邮寄化学处理剂，以及惰性材料，这些化学处理剂及惰性材料也是泥浆的组成部分。因此，泥浆的基本原料主要由黏土、水、有机和无机化学处理剂及惰性物质等组成。其中黏土和水是配置泥浆的基础材料，它们的品种优劣，直接影响泥浆的质量。

①黏土

黏土是岩浆岩或变质岩中的硅酸盐（如长石等）风化沉积形成的。制造泥浆所用的黏土包含下列组成部分：

a. 黏土矿物

黏土矿物有蒙脱石、高岭石、伊利石和海泡石等几种，它们是黏土的主要成分。黏土中的黏土矿物一般是几种黏土的混合物，常常以一种为主，其余次之。如黑山膨润土中，蒙脱石约占80%，高岭石和伊利石黏土矿物仅占15%左右，其余为非黏土矿物（称为杂质）。对造浆而言，黏土矿物占得比例越高越好。

b. 非黏土矿物

非黏土矿物有石英、长石、云母、方解石、氧化铁等。这些矿物在泥浆中构成砂子，其含量随黏土的种类不同而多少不一。造浆用的黏土，其非黏土矿物含量越少越好。

c. 有机质

包括木屑、树叶及腐植质，它的含量较少，但起染色作用。

d. 溶解性盐类

包括碳酸盐、硫酸盐、硝酸盐和氯化物等，其含量的大小对泥浆性能有着不同程度的影响。

泥浆标准规定，把含蒙脱石黏土矿物为主要成分的黏土称为膨润土。它是我国目前配置泥浆的最好黏土。

②水

水是泥浆的主要组成部分，也可单独做冲洗液或配制乳化液。水质的优劣对泥浆性能和成孔过程有着十分重要的影响。

在地质钻探施工中，一般就地取水配置泥浆，如河水、池塘水、地下水等，河水与塘水是地表水，一般属于淡水，而地下水与岩层有关，含有不同的可溶性盐。无论是地表水还是地下水，均含有不同程度的碳酸盐、硫酸盐、氯化物和氢氧化物等盐碱物质。它们能溶于水，呈离子状态。高价离子对泥浆性能影响很大，其中以钙、镁离子影响最大。

大师点晴

一般在配置泥浆前都应对水质进行分析和处理，以免影响泥浆质量。

配置泥浆一般用淡水，最好是软水，也有用盐水配置饱和盐水泥浆，用于钻进盐卤地。

（2）常用泥浆处理剂

泥浆处理剂有很多品种；按其性质划分，使用量较大的主要为无机处理剂和有机处理剂两大类。

①常用无机处理剂

a. 碳酸钠

又名纯碱，加入泥浆能增加黏土的水化和分散性。常用于黏土改性和硬水软化。配置泥浆时，其加量按土质量的百分比计算。

b. 氢氧化钠

又名烧碱、火碱，易溶于水，常用于调节泥浆 pH 值和调整控制有机处理剂特性。

c. 氢氧化钙

又名熟石灰、消石灰，能与水配制成石灰乳。常用于配制钙处理泥浆，可防泥岩分散和防微漏失。

d. 磷酸钠

主要用作泥浆稀释分散剂，也可将其用于除钙或增黏。

②常用有机处理剂

泥浆中常用的有机处理剂可分为降失水剂、絮凝剂和稀释剂三个种类。

a. 钠羧甲基纤维素（代号 Na-CMC）

它是一种抗盐、抗钙能力强的降失水剂。加入泥浆具有降失水，增黏等主要作用。

b. 聚丙烯酰胺（代号 PAM）

它是一种高分子聚合物絮凝剂。产品有全絮凝剂（PAM）和部分选择性絮凝剂（代号为 HPAM 或 PHP）之分。通过加入火碱处理方法可使 PAM 转化为 PHP。将其加入泥浆对黏土、岩分等颗粒可分别起到保护和选择性絮凝作用；它是配制低固相不分散泥浆和无固相冲洗液的主要原料。

c. 丹宁酸钠（代号 NaT）

它是一种稀释（降黏）剂。由丹宁粉和氢氧化钠按一定比例加水配制而成。加入泥浆主要起稀释(降低黏土、切力)作用,增加泥浆的流动性;同时有一定的降失水作用。

（3）惰性物质与其他材料

①惰性物质

a. 泥浆堵漏材料

分别有纤维状、片状、粒状材料。如:石棉纤维、碎云母片、棉子壳及各种果壳等。加入泥浆循环,可达到堵塞钻孔漏失通道的作用。

b. 无机惰性增黏剂

如膨闰土粉、钙镁石棉（蛇纹石石棉）纤维等,可作为增黏剂用于提高淡水或盐水泥浆的黏土,增加携带、悬浮岩粉能力。

②其他材料

a. 泥浆加重剂

如重晶石粉（又称硫酸钡）,其是目前最好的泥浆加重材料,主要用来提高泥浆的密度。

b. 无机润滑材料

加入泥浆可降低泥皮摩擦系数。如二硫化钼（MoS_2）、石墨粉等。

3. 钻进

浅孔作业以 XY-1 型钻机钻进为操作平台,采取现场实际操作钻进或模拟钻进方式。

（1）开机前的检查（空挡、分动在卷扬挡、离合器断开、刹车棘爪锁紧,检查电源、电动机及负荷情况或检查柴油机燃油、冷却液、润滑油及负荷情况）;

（2）启动钻机动力（开启电动机或启动柴油机）;

（3）挂挡,挂挡不畅时采用点动离合;

（4）闭合离合器;

（5）拉紧卷扬制动手把,打开刹车棘爪;

（6）放或收钢丝绳,让提引器在适当位置,挂提引器,注意提引器挂好后切口要朝下;

（7）控制卷扬操作手把,提升钻具,提升的时候注意观察上部提引器和下部钻具底部的位置,当钻具底部到达孔口上方即可拉紧制动手把,松开提升手把;

（8）适当放松制动手把,让钻具对准孔位缓慢下放;

（9）当钻具上接口到达孔口板上方 0.5 米左右时拉紧制动手把，插上垫叉，扳动垫叉旋转使垫叉到适当位置，缓慢放松制动手把，让垫叉平稳下落到孔口板上；

（10）适当放一点钢丝绳，卸下提引器；

（11）把提引器放到适当的不影响操作的位置，锁紧刹车棘爪；

（12）断开离合器；

（13）回空挡；

（14）操作液压手柄到提升档，提升立轴，立轴到达顶部后液压手柄到停止挡；

（15）合立轴，并锁紧；

（16）观察钻具接头与主动钻杆是否在一线，如不在一线则利用工具移动垫叉使钻具与主动钻杆在同一轴线上；

（17）挂一挡；

（18）分动挡打到回转；

（19）操作液压手柄下降立轴，使钻具与主动钻杆连接一起；

（20）闭合离合器，对接主动钻杆，手握离合器手把，当钻杆拧紧迅速断开离合器；

（21）分动挡到卷扬；

（22）回空挡；

（23）操作液压手柄提升立轴，掉抽垫叉，液压手柄到停止档；

（24）分动挡打到回转；

（25）挂挡；

（26）回转钻进，液压手柄打到下降挡，期间采用点动加压，使立轴加速下降；

（27）打完一杆立轴，断开离合器，停止回转；

（28）分动挡到卷扬；

（29）回空挡；

（30）提升立轴，插垫叉，注意垫叉叉在钻具锁接头第二个切口上，扳动垫叉旋转立轴使垫叉到适当位置，下降立轴，使垫叉接近孔口板后液压手柄打到停止挡；

（31）换分动挡到回转；

（32）挂倒挡；

（33）闭合离合器，卸主动钻杆，手握液压手柄，当丝扣拧松几圈后适时提升立轴；

（34）断开离合器；

（35）分动挡到卷扬；

（36）回空挡；

（37）打开立轴；

（38）下降立轴到位，液压打到停止挡；

（39）挂挡；

（40）闭合离合器；

（41）拉紧卷扬制动手把，打开刹车棘爪；

（42）挂提引器；

（43）小幅度提升钻具后拉紧制动手把，抽掉垫叉，继续提升钻具；

（44）当钻具拉出孔口后辅助人员扶持钻具下部向外拉，并注意提引器切口朝下；

（45）卸提引器，把提引器放到适当的不影响操作的位置；

（46）拉紧卷扬制动手把，锁紧刹车棘爪；

（47）断开离合器；

（48）挂空挡；

（49）关闭钻机动力；

（50）闭合离合器。

4. 钻进规程参数

钻进效率的高低，取决于采用的钻进技术参数。即：钻压、转速、冲洗液量。在一定条件下，这三者存在着最优的配合关系，不能孤立地去选择。

影响钻进参数的因素较多，如岩石的物理力学性质、钻头的类型、钻孔直径和深度、钻探设备和钻具等。应根据上述情况具体选择钻进规程。

评定钻进规程的合理性，主要根据钻进速度、钻头进尺和单位进尺三个指标来衡量，其中后两项尤为重要。

1）钻压

生产实践证明，钻速在一定限度内随着压力的增加而相应地增加。当钻压超过某个限度时，钻速即保持平缓，甚至会逐渐降低。孕镶钻头钻压的上限比表镶钻头钻压的上限低些，钻压过大时，会使钻头磨耗量增加，同时引起钻杆扭矩的增大，使动力机承受大的负荷，造成转速减慢，钻进效率因而降低。

2）转速

转速也是影响钻进效率的另一重要因素。在一定条件下，转速越快，钻进效率越高。但是受设备能力，管材强度和岩石性质所限，转速也不能无限制的提高。在可能条件下，适当提下转速是完全必要的。

（1）转速与线速度的关系

钻头转速是按圆周线速度来衡量的。直径小的钻头其转速应高于直径大的钻头。在转返不变的情况下，钻头直径越小，其线速度就越低。

（2）影响转速的因素

岩层完整程度均质完整地层，采用高转速；岩层破碎时钻具振动大，应适当降低转速。

钻孔深度钻孔深，钻具重量大，钻杆与孔壁的摩擦阻力增加，回转钻具的功率消趁增加，转速应适当降低；浅孔段应采用较高转速。

设备与钻具钻机能力和钻杆强度、耐磨性是选择高转速的基本条剖件。机械动力较小也影响转速的提高。

钻具振动在高速旋转下，若设备安装不稳固，立轴钻杆弯曲与地层复杂，会产生剖烈振动，这种振动是影响转速提高的主要原因。

3）泵量

泵量也称为冲洗液量在钻进工作中是很重要的技术参数。冲洗液量选择不当，不仅会毁坏钻头，而且还将造成严重的孔内事故。

（1）冲洗液在钻进中的作用

冷却钻头，防止烧钻，防止温度过高而发生烧钻事故。

排除孔底岩粉，保证孔底清洁，有利于钻头工作。

保护孔壁，润滑钻具，减少振动，提高转速。

（2）冲洗液量计算：

$$Q = 60 \times V \times F \times 0.1 = 6VF$$

式中：

Q—冲洗液量（L/min）；

F—环状断面积（cm^2）；

V—环状间隙上返流速（m/s），

0.1—单位换算系数。

5. 钻探记录

1）原始报表记录

地勘钻探施工的目的是为了直接获得地下实物资料，为下一步的资源开发提供设计依据或国民经济基本建设服务。在钻探施工中，不仅要求合理选用钻孔方法、护壁措施，以此提高钻进效率、确保施工安全，降低成本；而且更为重要的是必须注重和提高钻探工程质量，力求准确地从钻孔中获得真实可靠的地质资料。因此，原始报表记录是钻探施工班组必须开展并且应努力做好一的项重要基础技术工作。

（1）原始报表记录内容

钻探原始报表是钻探生产的原始记录。主要报表包括：钻探班报表、金刚石钻头、扩孔器钻进记录表、简易水文观测记录表、封孔、测斜及一些特种工作的记录表等。原始报表是钻探生产记录的基本材料；是了解钻探生产情况、研究和改善生产技术管理的依据；同时也是地质编录的主要依据和编写工程地质报告的基本资料。因此它的质量好坏，直接影响钻探质量和工程地质报告的评价。填写的主要内容有：起下钻、钻进、辅助工作、取心等。注意把钻进一项的时间与辅助工作时间严格区分开，并作好记录。如发生孔内事故，应详细记录事故发生的过程、原因及实施处理情况；应把处理方法、步骤、处理工具、事故头孔深、处理时间及处理结果等进行详细记录。

（2）原始报表记录填写要求

原始记录必须真实地反映生产情况；应做到及时、准确、详细和整洁，并用钢笔在现场逐项填写。机长、地质编录员负责检查和核实各班报表，并签名或盖章；终孔后，汇订成册，归档存查。

6. 设备维护

1）泥浆泵保养

（1）班保养

检查各缸进排水阀缸盖螺栓紧固情况，并按要求上紧。

检查拉杆连接及密封情况，如有泄漏时应即时进行密封，使之不泄漏。

清除莲蓬头处的堵塞杂物，使之吸水通畅。

保持泵外表面清洁，如有污物时应及时擦洗干净。

检查曲轴箱内机油液面，不足时及时添加。

检查皮带松紧度，将皮带张紧。

（2）周保养

检查各缸进、排水阀件，如有磨损时应及时予以更换。

检查活塞（或柱塞密封圈或皮碗）的磨损情况，必要时予以更换。

检查离合器工作情况，必要时予以调整或更换。

检查导杆、拉杆、十字头连接情况，并按要求进行紧固。

（3）月保养

检查连杆轴瓦的配合情况，并按要求进行调整。

检查曲轴瓦的工作情况，并进行间隙调整。

检查缸套磨损情况，必要时更换新缸套。

检查变速箱及曲轴箱内机油有无变质或受污，必要时更换新机油。

2）动力机保养

对柴油机进行维护保养的目的，在于使柴油机经常处于良好的工作状态，防止故障的发生，延长其使用寿命。对设备进行维护保养是一种带强制性的预防措施，不论设备有没有毛病，都应该按规定的保养时间按期进行例行保养。

柴油机维护保养，包括日常保养和定期保养。在地质钻探工作中，由于工作的连续性，对柴油机仍可按班、周、月进行维护保养。

（1）班保养

检查曲轴箱内机油平面及柴油箱内的燃油面。不足时按要求进行添加。

检查机体螺栓及其他紧固螺栓、螺母等是否紧固可靠。

消除"三漏"现象（即漏油、漏水及漏气）

保持柴油机外表面整洁，有油污时应及时擦洗干净。

时常观察柴油机冷却水循环情况，避免断水造成机温过高时发生故障。

消除在本斑内发生的其他故障。

（2）周保养

清洗空气滤清器及燃油滤清器，必要时进行更换。

检查电瓶的电压及电液的密度，电液密度应保持在 1.28~1.29 之间，不足时按要求进行添加蒸馏水。

检查水箱风扇及充电发电机传动皮带的松紧程度并进行调整。

检查充电线路调节器及仪表工作情况，有故障时及时排除。

（3）月保养

检查调整气门间隙，必要时进行研磨。

检查调整喷油嘴的喷油压力及雾化状态，必要时进行清洗或调整。

检查连杆螺栓，曲轴螺栓和汽缸头螺栓和汽缸头螺母以及其他紧固件的紧固情况，并按要求重新紧固。

清洗燃油箱及油管。

任务实施

1.先选出进行浅孔作业的钻机及配套工具。

2.能够根据以上工作步骤来完成浅孔作业。

总结与评价

评价内容	评价指标	标准分	评分
安全意识	能否进行安全操作	20	
作业过程	操作熟练程度	20	
分配能力	分工是否明确	20	
团队协作	相互配合默契程度	20	
归纳总结	总结的是否齐全面	20	

任务 2　中孔钻进

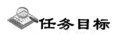

任务目标

1.能够平整场地并且会安装调试钻探设备；

2.能够选用进行中孔作业的钻机；

3.掌握中孔钻进的工作流程；

4.掌握工作过程中的安全操作事项；

5.能够对自己的工作做合理的评价总结。

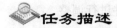

任务描述

能够合理选用钻机进行中孔作业，并对自己的成果作出总结。

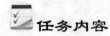

任务内容

1.场地平整与设备安装

平整场地的目的是安全可靠地安装钻塔和钻探设备，以便钻探施工正常进行。

（1）场地平整规定

（2）面积体积计算

（3）施工场地验收

钻探生产的场地或地盘，除用来安装钻塔、钻机和附属设备外，有的还要用来修建冲洗液循环系统、摆放管材工具以及岩（矿）心和土样等。因此，平整场地钱需要考虑所需修建地盘的位置、方位和面积。

2.泥浆制备

1）泥浆的配方

泥浆的配方是指在配制泥浆时所用泥浆各种原料或处理剂用量的比例。通常有两种表现形式：

（1）比例形式的泥浆配方

例如：

a. 基浆配方清水：黏土（Ca 膨润土）：纯碱（Na_2CO_3）=500:20:1.0（kg）

b. PHP 泥浆配方清水：黏土（Ca 膨润土）：纯碱（Na_2CO_3）：PHP（纯量）：Na-CMC（纯量）=500:15:0.75:0.15:0.5（kg）

（2）浓度形式的泥浆配方

例如：

a. 基浆配方为：清水+3%黏土（Ca 膨润土）+纯碱（Na_2CO_3）（为土量的 4%~6%）

b. 盐水泥浆的配方为：按泥浆体积加入食盐量 5%，铁铬盐 15%，Na-CMC2%，浓度为 10%的烧碱液 15%

2）**基浆配制**

基浆又称普通泥浆，由黏土和水（钙质黏土尚需加少量纯碱）配制而成。它是一种成分最简单的泥浆类型，也是配制各种不同成分泥浆类型的基础。也称为原浆。用化学处理剂处理就可以改变其性能。

配制基浆时，首先根据地层情况选择泥浆的相对密度，然后再根据需要的泥浆相对密度来确定黏土和配浆水的用量。纯碱的加量应当事先作小型试验优选，求得最优加碱量。在野外实践操作时往往以 pH 值试纸衡量最为方便，一般泥浆的 pH 值达到 8~10 为好。

3）**处理剂添加**

按照泥浆实验得到的优选配方，逐一按序添加处理剂。

3.孔口作业

1）**起下钻具**

（1）拧管机的使用

拧管机是减轻工人劳动强度，提高工作效率的一种拧卸钻具的机械，是实现升降钻具机械化操作的重要工具。目前我国地质部门应用较多的拧管机是重庆探矿机械厂和张家口探矿厂生产的与 XY-2 型、XY-3 型、XY-4 型、XY-5 型、XY-6 型钻机配套的 NY 型液压拧管机。其结构原理如图 1-5 所示，它主要由 ZM7-14 液压马达、液压操作阀和机械传动三部分组成。

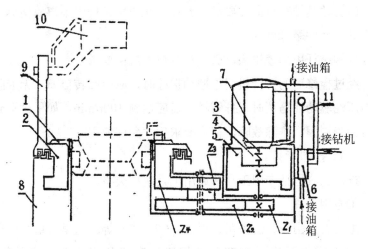

图 1-5　液压拧管机结构原理示意图

1-静盘；2-动盘；3-传动轴；4-伞联动轴；5-飞轮；6-拧管机操作阀；
7-液压马达；8-拧管机壳体；9-动盘拨柱；10-上垫叉；11-操作把手

（2）拧管机的操作

①拧管机使用前检查

各部螺丝和油管接头是否紧固，液压管路的连接是否正确。

检查各传动部位的润滑是否良好，密封装置是否密封可靠。

②拧管机使用时的操作

拧管：先将下垫叉插入钻杆母锁接头的切口并座入导向管套内，同时把燕尾端部靠在静盘凸块侧面。上垫叉插在公锁接头的切口处，然后向前推动拧管机操作杆，动盘顺时针方向回转，即拧管上扣，拧管时需要的扭矩从系统压力表上反映为 4MPa 左右。

卸管：上下垫叉安放位置与拧管时相同，但必须使动盘拔柱与上垫叉尾部夹角呈 350° 左右，以产生较大的冲击力。拉动拧管机操作杆使动盘反时针旋转，冲打上垫叉。如冲打几次仍卸不开，则应人力卸开第一扣再用拧管机卸扣。卸管时压力读数为 6MPa 左右。

拧管机的液压油应使用 3 号锭子油或用 20 号机械油代替，并应经常保持油的特性，在正常情况下每工作半年后换油一次，换油时不得让任何污物进入油内。

拧管机本壳体内使用巧号车用机油润滑齿轮传动件。

不得随便拆卸管接头，搬迁或检修时应用清洁的纱布堵住拆开的管口，以防污物进入油管。

油马达是拧管机的主要动力元件，在使用过程中不得随便拆开，也不得用其他物件敲打外壳。

拧卸钻杆用的锁接头，必须符合技术规格要求。

经过检修后的拧管机用手搬动拔柱时，应能回转自如，无卡阻现象。用高压油驱动油马达时，拧管机动盘应达到 100r/min，如果达不到这一转速再检查原因，排除故障，符合要求后才允许使用。

（3）拧卸工具

拧卸工具包括专用工具和通用工具两种类型。

①专用工具

主要有自由钳、链条钳、扳叉、（上）垫叉等。这里着重介绍自由钳。

自由钳主要用于拧卸各种规格的套管和岩心管。它是钻探施工中必不可少的拧卸工具之一，其技术规格、主要尺寸如表 1-1，结构如图 1-6。

表 1-1　自由钳规格

图号	规格 / mm	适用管材 / mm	主要尺寸 /mm			重量/kg
			L	D	B	
XZ1601	φ57 / φ44	φ57，φ44	400	57	40	2.8
XZ1602	φ89 / φ73	φ89，φ73	449	89	50	4.8
Xz1603	127/ φ108	φ127 φ108	450	127	52	6.5
Xz1604	168/ φ146	φ168 φ146	502	168	54	8.0

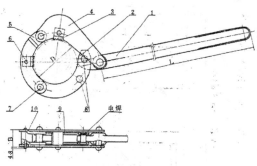

图 1-6　套筒钳子结构图

1-手柄；2-锁紧板；3-卡瓦；4-连板；5-中间板；

6-铆钉；7-铆钉轴；8-轴；9-锁紧板；10-中间板

②通用工具

主要有管子钳、活动扳手、呆扳手、梅花扳手、套筒扳手、改刀、钢丝钳、尖嘴钳等。这里着重介绍管子钳（它又称管钳）。

管钳主要用于夹持和旋动各种管子及其管路附件，也可以扳动圆柱形工件。其规格尺寸如表 1-2 所示。一般地质钻探常用的管钳规格为 600mm、900mm、1200mm 三种。

表 1-2　管钳规格

全长/mm	150	200	250	300	350	450	600	900	1200
夹持管子最大外径/mm	20	25	30	40	45	60	75	85	110

在使用管钳和自由钳拧卸钻具时，不能夹持钻具丝扣部位，应离开丝扣部位一定距离；夹持应将钳端平、卡紧，卸第一扣时使用爆发力。操作时应做到拧卸快、不掉钳、不打腿、不夹手。

（4）提引器的使用

提引器是直接卡挂钻杆接头的提引工具，可分为普通提引器、塔上无人提引器等多种。

①常用提引器

A．普通提引器

按其卡挂和连接钻杆的形式不同，又可分为切口式（用于卡挂有切口的钻杆）和手搓式（采用丝扣连接绳索取心外平钻杆）。

普通切口式提引器结构如图 1-7 所示。分别有 Φ33.5、Φ42、Φ50 等规格的内丝钻杆提引器和相同规格的悬挂式锁接头外丝钻杆提引器，如图 1-8 所示。

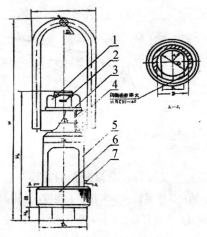

图 1-7　钻杆接头提引器

1-螺母；2-开口销；3-垫圈；4-提承；5-提篮；6-锁环；7-定位销

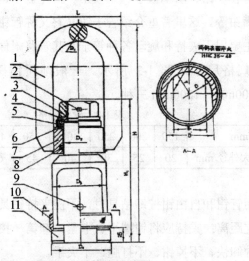

图 1-8　锁接头提引器

1-提环；2-开口销；3-螺母；4-垫圈；5-防尘盖；6-滚动轴承（8110）；
7-提承；8-挡油圈；9-定位销钉；10-锁环；11-提篮

B．塔上无人提引器

升降钻具时塔上无人操作，使用塔上无人提引器可减少作业人员、改善劳动条件。这类提引器种类极多，按其挂脱方式不同，可分为自脱式和自动挂脱式两类。

a．自脱式提引器

可在高空自动挂上钻杆。下钻时人工在孔口将提引器扣在钻杆上，提引器沿钻杆上行（俗称"爬"杆），到达磨菇头后挂住钻杆。

自脱式提引器平行作业程度较低；但加工较简单。按高空脱开钻杆的方式不同，自脱式提引器可分为关门门型自脱式提引器（底座偏重）、辽煤 9 型自脱式提引器（导斜板）和滚脱式提引器（反丝滚轮轴）三类，图 1-9 所示为 HN-401 型斜脱式提引器，属关门门型，经长期实践证明效果果较好。

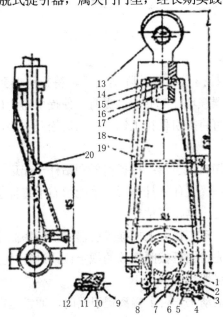

图 1-9　HN-401 斜脱式提引器

1-提引体；2-手轮；3-弹簧插销；4-弹簧；5-定向销；6-开口销；7-挡圈；8-滚轮；
9-弹簧枢纽销；10-滚轮轴；11-弹簧；12-捏轮；13-加固杆；14-提梁；15-斜脱导扳；
16-螺帽；17-开口销；18-滚动轴承（8306）；19-护罩；20-提环

b．自动脱挂式提引器

自动挂脱式提引器的特点是在高空可以自动挂脱钻杆，性能较自脱式提引器好。使用较多的有钟式提引器（球卡式提引器）和罩式提引器两种。

②提引器的摘挂

A．普通切口式提引器的摘挂

a. 握姿

一手握提环，一手伸开握环身，姆指及食指上推卡箍，露出全部缺口（如图 1-10 所示），往前推即可挂上，往外拉即可摘除。

图 1-10　摘挂提引器

b. 摘挂提引器

在孔口和地面挂提引器：升降钻具时，待提引器到孔口或地面停住后，用右手将提引器锁环托起并握住提篮，使提引器切口对准钻杆接头切口，用力前推，即可将提引器挂上钻杆；然后松开右手、使锁环下落而锁住钻杆。

在孔口和地面摘离提引器：待提引器和钻杆一起运行到达孔口和地面停住（孔口还需用垫叉叉住钻杆）后，才能用右手将提引器锁环托起，用力向后一拉即可将提引器摘离钻杆。

在钻塔高空的活动工作台上摘挂提引器：在钻塔高空的活动工作台上挂提引器时，首应先将钻杆按照摆放的规定位置进行扶正；接下来的操作与孔口和地面挂提引器相同。

在钻塔高空的活动工作台上摘离提引器时，通常是在提引器和钻杆一起向下运行到达所需位置后进行，具体操作与孔口和地面摘离提引器相同。提引器的摘挂不限于拉出（摘）与推入（挂）操作形式。掌握多种操作方法可适应不同的操作条件。

B. 自动挂脱式提引器的摘挂

这里着重介绍爬杆式提引器爬杆式提引器与蘑菇头配合使用。

摘出爬杆式提引器时，通常用左手握背板，右手前三指捏住弹簧销并往外拉；开在强任育取阴左干柏为回外使出拉力的情况下即能实现摘出爬杆式提引器。

挂入爬杆式提引器时通常用左手将提引器卡入钻杆并使开口向上，右手将销轴前推入槽孔即可实现挂入。

③摘挂提引器注意事项

摘挂提引器时，不得用手扶提引器底部；

钻具未停稳时，严禁摘挂提引器，以防跑钻事故和其他事故的发生；

使用普通提引器时，必须确认锁环已锁住钻杆时，方可进行钻具升降；

提拉或下放钻具时，普通提引器的缺口应朝下；

使用自动挂脱式提引器提拉或下放钻具时，严禁提引器滚轮朝下拉放。

 拓展学习

钻柱摆放用具

扶、移、排装置，是用于实现升降工序机械化、自动化的机具之一。它与塔上无人提引器、拧管机配合使用，可以减少机场操作人员，减轻体力劳动，缩短提下钻时间。

目前，在地勘行业钻探施工中使用的钻杆扶、移、排装置有多种结构形式，大致分为三类，包括立柱式、联动式和机械手。下面介绍一下立柱式摆管器。

1.立柱式摆管器

摆管器是一种简单的移管装置，特点是结构简单，操作方便，但劳动强度较大，且仅能实现移管。下钻时提引器必须爬竿，平行作业程度低。

立柱式摆管器仅能与自脱式提引器配合使用，一般用于直孔。图1-11是辽宁省煤炭局地质勘探公司设计的立柱式摆管器。

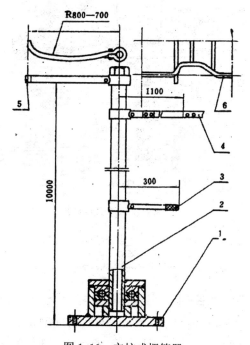

图1-11 立柱式摆管器

1-底座；2-立柱；3-手把；4-支梁；5-摆管钩；6-排管架

2.立柱式移管器

立柱式移管器是人力控制的机械手,具有结构简单,操作轻便灵活,安全可靠等特点。一般野外队均可配制使用。

立柱式移管器结构:

立柱式移管器结构如图 1-12 所示。主要由立柱 3、底座 1、手轮 25、滑道架 4、机械手 5 及绳索部分等组成。

立柱式移管器操作方法:

立柱 3 插入带钢球 2 的底座 1 中,其上端固定在支撑架的轴承套内。当立柱在底座中回转时,固定在立柱上的滑道架 4、机械手 5 和杠杆 27 也随之摆动。

滑道架 4 用钢板焊接而成,并用螺杆 10、夹板固定在立柱上,滑道架上装有滑轮,并以夹持机械手 5、并成为机械手前后移动的轨道。在滑轮上还套有钢绳,每根钢绳都有一端栓在手把巧上,另一端分别固定在机械手前后两端的螺钉上。当上抬或下压手把时,牵动钢绳,再通过滑轮拉动机械手,对使其在650mm范围内伸缩。左右板动手把时,使立柱}转并带动机械手左右摆动,即可移、摆管。为防止机械手伸缩时侧向旋转,在滑道架的连接板 6 上,拧有螺栓 17,其顶端插入机械手的导向正长槽内,起导正作用。

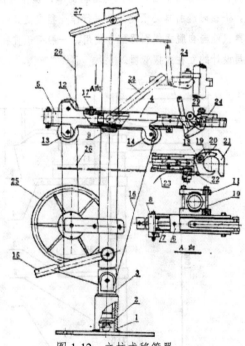

图 1-12 立柱式移管器

1-底座;2-钢球;3-立柱;4-滑道架;5-机械手;6、7、8、9-滑道架连接板;
10-螺杆;11-夹板;12、13、14-滑轮;15-手把;16-钢绳;17-导向螺栓;
18-轴;19-扭簧;20-锁叉;21-手掌;22-卡销;23-拉绳;24-卡瓦;
25-手轮;26-钢绳;27-杠杆;28-连杆;29-扭管

机械手前端为钳形手掌 21，与钻杆锁叉 20 配合，可进行抓、扶钻杆。锁叉 20 在扭簧 19 作用下，处于张开状态。机械手摆动、抓钻杆时，由于钻杆的冲撞锁叉压缩扭簧 19 使锁，沿轴 18 回转，并与"手掌"合拢抓住钻杆。同时卡销 22 在扭力弹簧 29 的作用下，向上起将锁叉卡住，扶管时钻杆就不会从机械手内脱出。

端管时，摇动绞车手轮 25，卷绕钢绳 26，拉动端管杠杆 27 带动卡瓦 24 卡住钻杆。继卷绕钢绳，使机械手内的连杆 28 抬起，即可端起 170mm 高度。

端、移、摆管完毕后，拉动拉绳 23，退回卡销 22，可使锁叉自行张开。

手摇绞车轴座于两盘 205 轴承上，手轮直径与卷筒直径之比为 9:1，端管杠杆力臂与臂之比 2:1，故稍用很小的力即将立根提起。

与此型移管器配套使用的有弧形管架和立根台。

钻杆、套管夹持用具：

其包括钻杆、套管夹持器、手扶卡和套管夹板、垫叉(下)等。这里着重介绍夹持器。

（1）夹持器的结构

夹持器又称为木马式夹持器。与 595 绳索取心钻具配套使用，用于夹持中 54 钻杆。绳取心用的夹持器，可代替垫叉。它由偏心座 1、键 2、轴 3、卡瓦 4、连杆 8、曲柄 9、夹板 11、脚踏板 13 等组成。结构如图 1-13 所示。

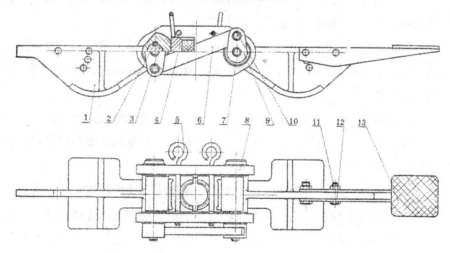

图 1-13 脚踏式夹持器

1-偏心座；2-键；3-轴；4-卡瓦；5-安全销；6-连杆；7-键；
8-夹持板；9-曲柄；10-圆注销；11-螺母；12-螺栓；13-脚踏板

（2）夹持器的操作动作

夹持钻杆时，松开脚踏板后，偏心座推动卡瓦 4 把钻杆夹紧，又由于钻杆的自重作用，进一步带动卡瓦和椭圆夹头向下移动，夹紧钻杆，即钻杆的重量越大，夹的得越紧。

松开钻杆时，在提升钻杆的同时，脚踏偏心座的脚踏板 15，从而使卡瓦向两边移动把夹紧的钻杆松开。此夹持器的夹持能力为 5~7t。夹持规格为 Φ43~71。

4.成孔作业

1）钻探设备的组成

设备是指进行某项工作或供应某种需要所必需的成套建筑或器物。如：厂房设备、机器设备、教学设备等。

钻探设备是指钻探施工中直接应用的机械设备和装置。或钻探施工时的地面设备及装置。

钻探施工设备包括钻机、泥浆泵、动力机、钻塔及附属机具（如：拧管机，电动工作台，泥浆搅拌机）等组成。在生产部门，人们常把进行钻探工程所必须的钻机、泥浆泵、钻塔称之为"三大件"。

（1）钻机

钻机是进行钻探工作的主要设备。它在钻探生产过程中，担负着回转钻具，给进及增、减压刃，升降和拧卸钻具等主要工序的工作。凡是回转式钻机，一般都由下列基本部件构成：

①回转器。用于回转钻具，带动钻头，进行钻进切削。现用的回转器类型可分为：立轴式、转盘式、动力头式。

②给进机构。用以控制钻头压力并通过钻具向钻头传递适当的轴向载荷，达到钻进的目的。现有支类型分为：螺旋差动式给进、绳索式给进和油压式给进。

③升降机构。用以升降钻具，并能随钻具重量的变化而改变提升，下降速度，以充分利用功率、幸短辅助钻进时间。常见的类型是行星式。全液压动力头钻机则用倍速机构提升。

④传动变速机构。用于变速、变矩、将动力传递给给进和升降机构。常用的类型为齿轮传动式，全液玉动力头钻机可实现液压无级变速。

（2）辅助设备

在钻探施工设备中，除钻机外的其他设备。如泥浆泵、钻塔、动力机、空压机、发电机、电焊机等称之为钻探施工辅助设备。其中：泥浆泵的功用是向孔内输送冲洗液以清洗孔底、冷却钻头和润滑钻具；在使用液动冲击钻具时，泥浆泵还作为能源装置。钻塔的主要功用是毛于升降钻具。

此外，钻探所用的孔底动力机，如涡轮钻、孔底电钻、螺杆钻等孔内机具，属于钻进工艺学的内容。

2）柴油机（或电动机）的启动

（1）柴油机的启动方法和注意事项

柴油机的启动方法一般分为两种：即人力启动和蓄电池启动。人力启动的柴油机功率一般较小（为 20HP 以下），大功率柴油机的启动为蓄电池启动。

柴油机的启动是指启动前的准备工作、正确启动、高速、停车与正确运转时的维护和保养。

①启动前的准备工作

检查曲轴箱内的机油量是否适合：如果不足时需加足：如果增多时应查明原因。添加机油时应经过沉淀和过滤。夏季用 HC-11、HC-14 号机油：冬季用 HC-8 或 HC-11 号机油；当周围温度低于 0℃时，如果柴油机启动困难，应将机油放出，经过滤后再预热到 80℃后加入。

检查油箱中的燃油量是否充足，当燃料不足时应及时补充加足。夏季一般用"0"号柴油，冬季一般用"-10"号柴油，如果气温在-10℃以下时，可使用"-20"号柴油。

检查水箱中冷却水是否充足，有无漏水现象。冷却水应用软水，可用雨水或地表水，不宜使用井水，因井水中含有较多矿物质而容易使水箱产生结垢现象。冬季启动困难时，可将开水或热水加入到水箱中进行预热。

检查启动系统各部分线路连接情况是否正确及蓄电池的充电情况。必要时应向蓄电池内添加电瓶专用液体，并使电液高出极板 10~15mm。

检查柴油机各部分是否正常，安装是否稳固，各连接部分是否松动，各部件是否运转灵活自如，有无异常。

②正确启动

启动前的准备工作完毕并确认无故障后，柴油机应在不带负荷的情况下进行启动。

打开燃油开关，使燃油通向输油泵。

打开气缸盖上的减压装置后，将高速手柄放在中速位置。

打开启动点火开关，当达到一定转速后随即关闭减压手柄柴油机即可启动。如果 5~10s 后不能启动，应立即将点火轩至运行位置，待经过约 1min 后再作第二次启动。如果连续三次仍无法启动，应排出故障后再继续启动。

启动后的初始转速应在 700~800r/min。同时应观察各仪表读数，特别是机油压力表读数。当柴油机转速达到500r/min以上时，机油压力应大于49（kPa），压力表压力未升起或压力过低，应立即停车检查。

③正常运转

柴油机启动后应低速运转几分钟，经检查各部运转正常，机身温度增至40℃左右后，即可逐渐增加转速至1000~1200r/min；当冷却循环出水温度达到55℃、机油温度达到45℃时，才允许进行全速运转。

转速和负荷的增加应逐步、均匀地进行，尽量避免突然增加和卸去负荷。

柴油机正常运转时，转速应为1500r/min。在额定功率下连续运转时间不超过12h。长期连续运转时，以使用90%的额定功率为宜。也不宜负荷过少，长期怠速运转。不允许在冒黑烟的情况下工作过久。

新的或大修后的柴油机，在最初运转的60h内应降低使用功率，最好不超过额定功率的80%，以改善柴油机运动件的磨合情况，提高柴油机的使用寿命。

柴油机在运行中应经常注意各仪表的情况，机油压力应在147~196kPa；机油温度在70~90℃；冷却循环水的进水温度在55~65℃；出水温度在75~85℃。柴油机电流表指向正值表示在正常充电；指向0位时表示电瓶己充足电。

在柴油机运转过程中，应随时注意听、看、嗅、摸；即：

听——有无不正常响声；

看——是否有"三漏"（漏水、漏油、漏气）现象。排烟颜色是否正常；淡白色或淡青色排烟表示正常、浓烟或黑烟表示燃烧不完全或负荷过大，兰烟表示气缸中有润滑油燃烧，红烟表示燃料被带到外面来燃烧；看冷却水是否正常，如中断应立即停车检查；

嗅——有无怪臭，如有应立即查明原因；

摸——机身、水等温度，如温度过高应停车，严禁骤加冷水降温。

④正常停车

卸去负荷。即切断离合器。

操作调速手柄，降低转速运行5~6min，同时巡视检查一下柴油机各部情况是否正常，然后将停车手柄向停车方向拨动，关闭油门即可停车。除紧急情况外，不要在柴油机高负荷工作时突然停车。

冬季或需长时间停车时应打开机件侧面放水阀及水泵、机油冷却器、散热器处的放水塞将水放尽，以防冻裂机件。

实操展示

1.电动机启动步骤

1）控制箱启动电动机（直接启动或 Y-△ 启动）

①启动前应发出启动信号；

②先合控制开关（如控制开关已经合上，则可省去此步骤）；

③按下启动键，即可启动电动机。

2）降压补偿器启动电动机

①操作人员站在补偿器的左边（或右边），手把启动手把向右推（或往右拉），电动机即开始运转。

②待电动机运转到一定转速后，迅速将手把置于左端，电动机即可正常运转，松手后手把自动复位于运转位置。

③按下停止键，即可停止电动机运转。

2.电动机启动注意事项

（1）首先断开电动机负荷。

（2）操作人员站在启动开关旁，眼观电动机运转情况及电流电压表，电机未正常运转前，人不得离开启动开关。

（3）一台电动机连续多次启动时，应有一定的间隔时间，防止启动设备和电动机过热，连续启动一般不宜超过 3~5 次。

（4）几台电动机共用一台变压器时，应由大到小一台一台的启动。

（5）合闸后如果电动机不转或者转速很慢，声音不正常时，应迅速拉闸检查（电源是否有电、熔丝是否烧断、电动机引线是否断裂、负载是否过重、被带动的机械是否未断开、电动机绕组是否断线或短路、转子是否断条等）。

（6）Y-△ 变换启动只适用于三角形接法的电动机，由于启动转矩也小，只能用于空载或轻载启动

3）硬质合金钻进

硬质合金钻进，是将硬质合金镶焊在钻头体上作为破碎岩石的工具。硬质合金适进的特点是：操作简便，钻进技术参数容易控制，孔内事故较少；在中硬以下岩层中钻进效率高，钻孔质量好，岩心光滑，采取率较高，孔斜较小，材料消耗少，钻头镶焊工艺简单，修磨方便，成本较低。但硬质合金硬度有限，强度和耐磨性尚嫌不足，在硬岩层中钻进，效率不高，钻头寿命不长。

（1）硬质合金钻头

硬质合金钻头分取心钻头和不取心钻头两大类。钻探用硬质合金钻头结构对钻进效率，钻头寿命，钻进规程和操作技术都有一定的影响。所

以，一般选用硬质合金钻进时，必须根据不同地层，选用不同结构形式的钻头。

①硬质合金钻头结构

合金钻头的结构要素有：钻头体、合金数目及排列方式、合金出刃、合金的镶焊角、钻头水口、水槽等。

A．钻头体

钻头体是由 D35 或 D45 号无缝钢管车制而成，钻头体是镶嵌切削具的基体，上端内壁有一内圆锥度，便于卡取岩心和保证冲洗液的畅通。加工时要求钻头体轴线垂直于端面，钻头体与丝扣同心度要高，否则会直接影响钻进效果。

B．切削具数目

在确定切削具数目时，要考虑岩石性质、钻头直径、设备能力、岩粉的排除及合金的冷却等条件。

a. 硬质合金之间的距离应有一定值，以保证岩石破碎时，能产生大剪切体进行体积破碎。

b．对硬度大、研磨性大的岩石，为了延长钻头的使用寿命，以保证每个合金的体积磨损量不致过大。

c．钻头直径大，破碎岩石面积大，在保证每个合金所需压力情况下，应镶焊较多的切削具。

d．在设备功率大，钻具强度大的情况下，相同钻头直径，增加切削具数目就等于增加同时工作的切削量，可以提高钻进速度。

e．确定合金数目时，还应考虑钻头体上所允许的水口数目，以保证每个合金的完整冲洗与冷却。

C．切削具出刃钻

进时为了使切削具能顺利地切入岩石，并保持冲洗液畅通以减少钻头的磨损，切削具必须突出钻头体一定的高度，这高度部分则称为出刃。切削具的出刃有内出刃、外出刃和底出刃。内、外出刃主要是造成钻头体与岩心和钻头体与孔壁之间的环状间隙。加大内、外出刃，会使破碎岩石面积增大，钻头回转阻力增大，切削具容易崩刃折断，功能的消耗增多。但较大的内、外出刃，会使冲洗液流通阻力减少，有利于岩粉排除和减少岩心堵塞机会。底出刃担负切入和破碎岩石的任务。底出刃大，切入岩石深度大，也有利于冲洗液畅通，但过大了，会造成崩刃折断，影响钻进。底出刃有两种形式，一种是平底式，另一种是阶梯式。

②自磨式针状硬质合金钻头

所谓自磨式硬质合金钻头，就是将较小断面的硬质合金包镶在胎体内，钻进时，随胎体的磨耗合金自磨出刃，合金与岩石的接触面积不变，始终保持一定的克取能力，直到底出刃完全磨完为止。自磨式针状硬质合金钻头有如下特点：

a．针状合金作为硬质点均匀的分布在胎体中，多刃且断面积小，容易克取岩石，故有较高钻进速度。

b．针状合金自磨出刃，而且胎体唇面积始终保持不变，直到包镶的针状合金磨完为止，故钻速稳定，钻头寿命长。

c．针状合金被胎体支撑着，钻进中始终微露，不易崩落，保证了合金有效地克取岩石。实践证明，这种钻头适用于钻进 6~7 级及部分 8 级地层，机械钻速高，回次进尺和钻头寿命长，操作方便，成本较低。

（2）硬质合金钻进的适用范围

硬质合金钻进是硬质合金钻头在轴向压力和钻具回转力作用下，破碎孔底岩石，同时用冲洗液来冷却钻头并将破碎的岩石颗粒排除孔外（或悬浮起来），为切削具继续破碎岩石创造条件。合金在破碎岩石的同时，本身也在不断磨钝和磨损，钻进速度下降。当回次钻速下降时，则采心提钻，更换钻头。硬质合金钻进适用于岩石可钻性 1~6 级及部分 7~8 级研磨性弱的岩层钻进。

①松软至较软岩石即可钻性 1~4 级岩石或土层，如黄土、黏土等第四纪地层及泥炭、砂藻土、泥岩、泥质岩、页岩、大理岩、白云岩等。该类地层钻进特点：破碎岩石容易，岩石研磨性小，钻进效率高；相应地是孔内岩粉多，岩粉颗粒大，有时孔壁易坍塌。此类地层大都是塑性岩层，都有黏性，钻进时易产生糊钻、整水、缩径等现象。如钻进砂岩，岩石有一定的研磨性。钻进时，要解决的关键问题是整水、糊钻、保持孔内清洁和保护孔壁等。为此，最好选用内外出刃大，底出刃大的，排水通畅的螺旋肋骨钻头，内外肋骨或薄片式合金钻头、阶梯肋骨钻头和普通式硬质合金钻头等。应选用的钻进技术参数是高转速、大泵量、较小钻压。钻进砂岩石时钻进技术参数较前为大。钻进中应选用失水量小的优质泥浆护壁。采岩心提钻动作要快。如孔壁坍塌，则应创造条件，力争快速通过，以缩短孔壁暴露的时间。钻进中发现整水，应加强活动钻具，以使冲洗液循环畅

通，当处理失效时，则需立即提钻，绝不能用改小水量的办法勉强钻进，以免孔底岩粉越聚越多，造成埋钻或烧钻事故。

②中硬岩石即可钻性 5~6 级岩石，如钙质砂岩、石灰岩、橄榄岩、细大理岩等。这类地层钻进特点是：钻进效率不高，岩石有一定的研磨性，护壁问题不大，钻进时要解决的关键问题是如何提高钻进效率。应尽量选用高效钻头，充分发挥分别破碎及掏槽破碎岩石作用。所以应选用各种阶梯式破碎钻头和各种小切削具钻头，如品字形钻头，三八式钻头等。钻进时应采用"两大一快"（钻压大、泵量大、转速快）的钻进技术参数。

③硬岩即可钻性级及部分 8 级岩石；如辉长岩、玄武岩、结晶灰岩、千枚岩、板岩、角闪岩等。该类地层的钻进特点是岩石硬、有研磨性、合金磨损较严重，钻进效率低。钻进时要解决关键问题是在延长钻头寿命的情况下提高效率。钻进时应选用大八角、负前角、针状硬质合金钻头等。钻进技术参数为：大钻压、中速、中泵量。

④裂隙及研磨性岩石该类地层钻进特点是合金崩刃和合金磨损严重的问题。解决关键问题是防止合金崩刃，减少合金磨损，延长钻头寿命。应选用抗崩刃和抗折断能力强的钻头。如八大角、负前角、几是字、针状硬质合金钻头。在裂隙发育地层，钻压应选用较低，中等转速和中等泵量。在于磨性大的地层应选用大钻压、较大泵量和适当小的转速。

（3）硬质合金钻进基本原理

钻进中镶焊在钻头体上硬质合金切削具受两个力作用，即轴向压力（给进力）Py 和回转刃 Px 的作用。当轴向压力 Py 达到一定值后，硬质合金切削具对岩石单位面积的压力超过了岩石抗压入阻力，其刃部便切入岩石，并达一定深度 h0，与此同时在回转力 Px 的作用下，共同砚前切削岩石，如果岩石较脆，受力体被剪切推出；若岩石较软呈塑性体，利用合金切削具可部岩石便被削去一层，孔底工作面呈螺旋形式不断加深，如图 1-14 所示。

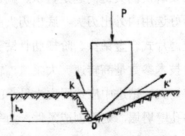

图 1-14　合金切入脆性岩石

钻进脆性岩石时，合金（切削具）在轴向压力作用下切入岩石，当合金与接触面压力大于吞石抗压强度时，则岩石发生脆性剪切，剪切体沿滑剪切面向自由面崩出，切削具同时压入破碎后的 KOK'坑穴中。由于切削具是单斜面的，崩出后的岩体不对称。当合金切入 h_0 深度后，在回转力 Px 作用下则发生水平剪切的过程。首先是将岩石abc块剪切掉，此时称为大剪切；兰切削具继续前进时，在切削具的刃尖端不断发生小体积剪切，崩落出小体积岩屑；经过不断的小体积剪切后，切削具刃前与岩石全部接触，又发生大体积剪切，如图 1-15 所示。因此，主脆性岩石中回转切削过程是由数个小剪切和一个大剪切所组成的不断循环过程。同时，由数个小剪切到大剪切，切削槽也由窄变宽，切削槽底面不平，底槽深度也在高低不平变化着。困转阻力也由小变大。

钻进塑性岩石时，只有当合金（切削具）上轴向压力大于与岩石接触面上的抗压强度时，万能切入岩石。岩石产生塑性变形，挤向两边，破碎岩石体积等于合金（切削具）切入体积。与此同时，在回转力 Px 作用下，压迫并切削前面岩石，使之发生塑性变形，并不断向自由面之前滑移切削。钻进时切削过程是平稳的、连续的并且切削槽宽与刃宽基本上是相等的，如图 1-16 所示。

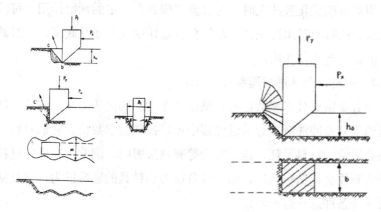

图 1-15　脆性岩石的切削过程　　图 1-16　合金钻进的基本情况

硬质合金切削具破碎了岩石表层后，便处于岩石的槽沟中。实践证明，切削具再对槽沟底部岩石进行破碎时，所需的轴向压力和回转力比破碎表层岩石大。而且破碎岩石体积小，这主要是槽沟底部只有一个自由面，破碎时受到了周围岩石限制。因此在钻进时，如能改变切削槽底百（工作面）的形状，如图 1-17 所示，增加孔底工作面上的自由面，将有利切削具对孔底岩石破碎。切削具底出刃呈阶梯状列的钻头，就能增加孔底工作面上的自由面，降低切削具破碎岩石的阻力。

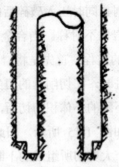

图 1-17　合金切削孔底的形状

从图上可以看出，钻头上合金切削具既要克服岩石的抗压入阻力，又要克服岩石的抗剪切强度。同一种岩石，其抗压入强度要比抗剪强度大得多。因此，在钻进时所需的轴向压力要比回转力大，切削具刃部所受到的摩擦力也很大。导致硬质合金切削具在孔底破碎岩石的同时也被磨损，使刃角逐渐变钝，增大了切削具与岩石的接触面，降低了切削具单位面积上的压力，破碎岩石效率逐渐降低，为保证破碎岩石的正常进行，应逐渐增加轴向压力。因此，必须注重研究钻进中硬质合金的磨损问题。在实际钻进中，用泥浆或乳化液冲孔时，对合金切削具有一定的润滑作用，可减少合金磨损。同时及时用冲洗液冷却钻头合金切削具并使孔底清洁，对减少合金的磨损会起重要作用。

（4）硬质合金钻进规程参数与选用

硬质合金钻进技术参数通常指钻压（钻具的轴向压力）、转速（钻具的回转速度）及冲洗液量等钻进过程中可以控制的参数值。它们对钻进效率、钻孔质量、材料消耗、施工安全等有直接影响。因此，在操作过程中应根据岩石性质、钻头结构、钻探设备能力和钻具的适应能力，以及钻孔质量要求等条件进行合理确定。

①钻压（压力）

有两种表示方法，即钻头上总钻压（总压力）和单位钻压（每颗合金上的钻压）。钻头钻压和回转力构成了切削具破碎岩石的切削力，增加钻头压力，是提高钻速的主要途径。

钻压大小对钻进效率和钻头寿命都有很大影响，在其他条件不变的情况下，在一定范围内，钻速和钻头的寿命都将随钻压的增大而增加。

采用针状合金钻头时，因钻头上针状合金胎块的截面面积大于同径的普通合金钻头切削具刃部的截面，又因有一部分钻压要消耗于胎体的磨损，因此需要较大钻压，一般比同径普通合金钻头所需压力大20%左右。钻头总轴向压力可用下式计算：

轴向压力＝切削具数目×每颗切削具所需钻压（N）

②转速

钻头转速是衡量钻具回转快慢的参数，即钻头每分钟的转速。钻头转速通常表示法有：

转数（n）——钻头每分钟的转数，r /min；

转速（v）——钻头回转时的圆周速度，m/s。

硬质合金钻进，一般采用钻头每分钟转数来表示转速。

硬质合金钻头钻进时，钻头转数大小对钻速影响很大。生产实践证明，在一定的条件和范围内，增加钻头转数即增加了合金切削具的破碎岩石次数，钻速随转数的增加而增高。不同性质的岩石要求的最优转数也不相同，转速的增加有最优极限值，超过此值后，钻速反而会下降，其原因主要是在高转速的条件下，合金切削具在岩石表面的作用时间太短，而影响切削具的切入深度，以至钻速下降。另一原因高转速使孔底温度增高，切削具的磨损磨钝加快而使钻速下降。

为了提高钻速，在一定的钻压下，应根据钻探设备能力，岩石性质、钻头结构、以及孔深、孔径等条件来合理选择最优转速值。一般情况下，在钻进软岩石或利用小口径钻进时，可用高转速；当钻进硬的、研磨性大的岩石、非均质和裂隙发育的岩石、深孔及大口径钻进时，应适当降低转速。

③冲洗液量

硬质合金钻进时，冲洗液的质量与数量对钻进速度有很大影响，根据资料证明，钻速随冲洗液的密度或黏度的增大而下降。在钻探生产中条件允许时，应尽量采用清水、低固相和无固相冲洗液钻进，提高钻进效率。从理论上增大冲洗液量，以迅速地排除岩粉岩屑，经常保持孔底工作面清洁，提高钻速；同时也起冷却、润滑钻头上切削具的作用，减少其磨损，延长钻头寿命。但如冲洗液量过大，液流经过钻头底部急剧转向，造成很大水压，增大通水阻力，对钻头产生很大浮力，使钻头有效压力减少，导致钻速降低，同时岩矿心和孔壁的冲刷破坏作用也随之增大，在松软岩层钻进，岩矿心采取率降低，并加剧了孔壁坍塌，也增加了水泵磨损。送水量过小，造成岩粉岩屑在孔底工作面堆积，造成孔底重复破碎量增大，增加了切削具在孔底的回转阻力，加速了切削具的磨损，甚至会产生埋钻、烧钻及折断钻杆事故。合理的冲洗液量应根据岩石性质、钻头直径、单位时间内产生岩粉量等因素确定。如岩石软，进尺快，产生岩粉多，冲洗液量应大些；岩石颗粒粗，密度大，应适应增加冲洗液量；钻头直径大，孔深、钻杆和孔壁渗漏多，冲洗液量应大些。在松软破碎的地层钻进，为防止冲毁岩矿心，冲垮孔壁，应用较小冲洗液量。

用硬质合金钻进对不同岩石应当有综合最优钻进技术参数。在钻进塑性松软岩石，最好采用高转速、小钻压、大泵量；在钻进 4~5 级中等硬度的岩层，可采用较高转速、中等钻压、较前稍小的泵量；钻进硬而研磨性大的岩层时，应采用大钻压，低转速，中等泵量。总之，钻进 5 级以下的岩层以采用较高转速为主；钻进 6 级以上岩层以采用较大钻压为主。

（5）硬质合金钻进注意事项

为了提高硬质合金钻进效率和钻头寿命，除根据地层特点，合理选用不同类型钻头，正确掌握钻进技术参数和尽量采用小口径钻进外，还必须有正确的操作方法。

新钻头入孔底前，要严格检查钻头的镶焊质量，分组（5~6 个钻头为一组）排队轮换修磨使用，以保持孔径一致。分组排队的顺序是：外径由大到小，内径由小到大。

下钻，对孔内情况要心中有数，如孔内有探头石、大掉块和硬的脱落岩心等时，不要下钻过猛，防止墩坏钻头。拧卸钻头时，不宜用管子钳，以免夹扁钻头，使用自由钳也不咬在合金上，以防压伤压裂硬质合金。

钻具下入孔内，接上主动钻杆后，应开泵送水，以使孔底沉积岩粉（屑）处于悬浮状态；然后边冲边下，当钻具不再继续下行，表明钻头已经接触孔底或碰到残留岩心，这时应将钻具提上 0.3m 左右，采用轻压、慢转的参数扫至孔底。如下钻过猛，很可能发生蹩水、碰碎合金及岩心堵塞等故障。

开始钻进时，先采用轻压、慢转和适量的冲洗液钻进 3~5min，待钻头工作适应孔底情况后，再将钻压、转速增加到需要值。正常钻进或扫孔倒杆，开始时，应使钻具呈减压状态开车，以防钻杆或钻具过重压坏合金。

正常钻进时，给压要均匀，不得无故提动钻具，以免碰断岩心发生堵塞，在卵石层中钻进，无故提动钻具，也会使已经进入岩心管内的卵石脱出，影响钻进速度。钻进中要随合金切削具的磨钝需要增大钻压。发现孔内有异状，如糊钻、鳌水或岩心堵塞时，应立即处理，处理无效，立即提钻。

钻进时，要注意保持孔内清洁。孔内残留岩心在 0.5 以上或有脱落岩心时，不得下入新钻头。孔底有崩落合金时，或由钢粒改为合金钻进时，必须将钢粒捞尽磨灭后，才能下入合金钻头进行钻进。

在松软、塑性地层使用肋骨钻头或刮刀钻头钻进时，为消除孔壁上的螺旋结构或缩径现象，每钻进一段后，应及时修正孔壁。

合理掌握回次提钻时间。每次提钻后，要检查钻头的磨损情况，以改进下回次的钻进技术参数。

采取岩矿心时，严禁用钢粒卡取岩矿心。严禁猛墩钻具，以免损坏合金。取心提钻要稳，防止岩心脱落。退心时，不要用大锤直接敲打钻头。

5.钻探记录

岩心（土）样整理。

1）岩心（土）样的摆放与编号

（1）岩心（土）样的摆放

在从岩心管内取出岩心（土）样时，应注意岩（土）样的顺序。先从岩心管内出来的是下部岩心（土）样；后出来的是上部岩心（土）样。取出后必须按顺序摆放，岩心应将表面洗干净，然后自上而下、有序地将其移动和摆放入岩心箱内，如图 1-18 所示。当岩心（土）样摆好后，再丈量岩心（土）样总长，进行岩心编号，填岩心牌（以便于此回次与下一回次的岩心隔开）。

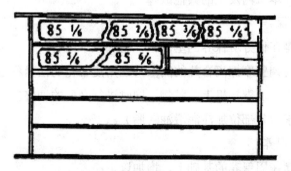

图 1-18　岩心（土）样在岩心箱内的摆放和编号

但要注意：如果岩心（土）样松散、破碎、酥脆、易溶，清洗时容易冲失；也可不洗；应用样品袋（筒）装好，并注明回次及起至孔深。

（2）岩心编号

岩心编号采用带分数表示。整数表示回次数，分母表示本回次取出岩心（即每块长度大于 50mm 应列入编录）的总块数，分子表示块的顺序号；通常要求用红油漆或油浸色笔写出编号。

2）岩心（土）样牌（票）的填记与岩心保管

（1）岩心（土）样牌（票）的填记

在对岩心编号后，每排岩心之间要用岩心隔板隔开；每回次末端用岩心牌隔开。岩心牌上通常要求应填写出工（矿）区名称、采取岩心的机号、孔号、孔段、回次数、岩心长度以及取心时间和班别。

（2）岩心保管

装放岩心后的岩心箱，应放在岩心蓬内；避免雨水等冲刷影响。当岩心装满一箱后，应在箱体前立面用红漆写上工（矿）区、孔号、箱号、起止回次、孔深以及施工机号。需长期保存的岩心应及时运到岩心库保管。

6.设备维护

1）典型钻机的日常维护

钻机的维护与保养包括日保养、周保养与月保养。

（1）保养（班保养）

①经常保持钻机外表面清洁，有油污时应立即擦拭干净。

②检查所有外露螺栓、螺母、保险销等是否牢固可靠。

③检查变速箱、液压系统油箱的油面位置，按要求加注润滑油或润滑脂。

④消除在本班内发生的其他故障。

（2）周保养

周保养是在作好班保养的基础上，增加以下内容：

①检查与调整摩擦离合片的间隙，三角皮带轮的松紧程度。

②清除抱闸及卷扬机上的脏物，同时进行必要的调整。

③按要求对各部位加注润滑油（脂）。

（3）月保养

月保养是在周保养的基础上，增加以下：

①清洗液压油箱内的过滤器，检查油液是否变质，必要时更换新油。

②擦洗干净活塞杆、导向杆上的污物，并对其表面涂油。

③检查变速箱、拧管机等部件的润滑油是否变质或污染，必要时更换新油。

④检查卷扬机、离合器是否工作正常，如有损坏和损伤，应进行修理和更换。

⑤检查各部件操作机构是否灵活可靠，并进行紧固或修理。

⑥对所有应加润滑油脂的部位，加足润滑油脂。

⑦若钻机长期不用时，各表露部分应涂以润滑油脂，并用帆布盖好。

2）钢丝绳的日常维护

为延长钢丝绳的使用寿命，在使用钢丝绳时，应注意以下事项：

①提升钻具需要的最大负荷量及卷筒、滑轮折直径，选择合适的钢丝绳直径、股数、扭拧方向及临界抗拉强度（N/mm^2），使用时不得超过钢丝绳允许的载荷量。

②钢丝绳中心有油浸的麻芯（也有用金属丝的），在负荷下，麻芯中的油被挤压出来润滑钢丝绳与滑轮槽，并减小与卷筒产生的摩擦，但使用时仍需定期给钢丝绳注油，并清除污垢。

③钢丝绳应一股靠一股紧密、平整地缠绕在卷筒上，当钢丝绳在卷筒上缠绕数层时，尤应注意正确缠绕，以防止钢丝绳在卷筒上缠绕时互相咬挤，造成钢丝折断，降低钢丝绳的紧固性。

④在卷筒上缠绕的钢丝绳备用圈数不得少于 3~5 圈。

⑤滑车轮槽（包括天车、游动滑车）的宽窄，应适合钢丝绳的直径尺寸，一般滑车轮槽应大于钢丝绳直径 1~3mm，如果滑车轮槽过窄，特别是V形窄槽，会使钢丝绳与轮槽壁的摩擦增大，甚至卡住钢丝绳，同时钢丝绳在负荷下，处于过窄的轮槽内，将改变其截面而成压扁状，降低钢丝绳的紧固性。

⑥当截断钢丝绳时，为了避免钢丝股的松乱，应预先用软钢丝将钢丝绳两头系紧后再行截断，软钢丝的长度应相当于钢丝绳直径的 7~8 倍。

⑦每月至少对钢丝绳详细检查一次，并清除滑轮面上的硬化油垢，检查中如发现有损断的钢丝，应用钳子将其突出的顶部截断，当钢丝损坏过多时，则不得继续使用。

⑧当解下缠绕在卷筒上的钢丝绳时，必须刹住卷筒，使钢丝绳成为拉直状态，否则将会使钢丝绳成为松乱的无法控制的环圈，而发生打成结子及折断绳股现象，降低钢丝绳的使用年限。为防止钢丝绳生锈，应经常保持其清洁并定期涂抹特制无水分的防锈油，钢丝绳油等浓矿物油涂抹。钢丝绳在使用时，每隔一定时期涂一次油，在保存时最少每 6 个月涂 1 次。

任务实施

1. 先选出进行中作业的钻机及配套工具。
2. 能够根据以上工作步骤来完成中孔作业。

总结与评价

评价内容	评价指标	标准分	评分
安全意识	能否进行安全操作	20	
作业过程	操作熟练程度	20	
分配能力	分工是否明确	20	
团队协作	相互配合默契程度	20	
归纳总结	总结的是否齐全面	20	

任务 3　深孔钻进

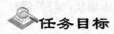任务目标

1. 能够平整场地并且会安装调试钻探设备；

2. 能够选用进行深孔作业的钻机；

3. 掌握深孔钻进的工作流程；

4. 掌握工作过程中的安全操作事项；

5. 能够对自己的工作做合理的评价总结。

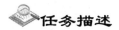

任务描述

能够合理选用钻机进行深孔作业，并对自己的成果作出总结。

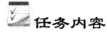

任务内容

1.平整场地与设备安装

平整场地目的的是安全可靠地安装钻塔和钻探设备，以便钻探施工正常进行。

钻探生产的场地或地盘，除用来安装钻塔、钻机和附属设备外，有的还要用来修建冲洗液循环系统、摆放管材工具以及岩（矿）心和土样等。因此，平整场地前需要考虑所需修建地盘的位置、方位和面积。

1）确定场地位置、方位的依据

主要依据钻孔空位而决定。钻孔位置上地质人员根据地质调查结果，为达到一定目的而布置；施工人员一般不得随意移动孔位。如因地形环境特殊，为了方便施工和节省费用，却有必要移动孔位时，必须事先征得地质人员同意，方可沿勘探线方向前后移动适当距离。

通常是依据钻孔的方位而决定。直孔对地盘没有方位的要求，只要能够满足布置全套设备，并力求做到施工方便、减少土石挖方量，同时要注意和考虑当地的季节、风向对钻塔的作用于影响。如：夏季可使塔门对正主导风向；秋冬季节应采用钻塔一角或无门的一侧迎着主导风向。对于斜孔，则应根据钻孔的方向，使地盘的纵向（长轴方向）中心线与钻孔方位线垂直。

2）确定场地规格、面积的依据及要求

地盘的规格、面积是依据施工机械设备的类型、冲洗液循环系统布置以及辅助设备配置和材料的摆放等占地所确定。如果钻孔布在地质、地形条件差的位置，在不影响正常生产的前提下，应尽量减小地盘的面积，以降低消耗和减少费用；在平原地区施工也要尽量少占农田。

3）修筑地盘注意事项：

修筑的地盘要做到平坦和牢固，在不同的场地上修筑地盘应注意以下几点：

（1）水平地盘：虽然平整工作比较简单，但应做到修筑的地盘要坚实，周围要挖出排水沟。

（2）山坡地盘：可采用削高填低的平整方法,并做到如下要求。

4）平整度检测

在由一定长度的平直木方或木板上方，安放一具水平尺检测仪器；观测水泡在水平尺视窗间的停留位置即可获知场地的平整度及倾斜情况。如果水泡停留在水平尺的视窗中央，则可判定与安放水平尺同一方向的场地是平整的；如果水泡不是停留在水平尺的视窗中央，则表明安放水平尺的被测方向场地是倾斜的，并且是水泡停留的一端场地比水平尺的另一端场地要高；水泡偏离水平尺视窗中央越多，则表明场地倾斜的程度越大。

2.泥浆制备

1）泥浆池和循环系统的净化

在钻进过程中，岩粉（屑）等不断进入泥浆内，使泥浆密度、黏度和含砂量、固相含量等增加。因此，必须及时进行除砂净化工作，否则，将加速水泵和钻具的磨损，影响钻孔冲洗效果，严重时会导致孔内事故的发生。

（1）泥浆循环系统的净化

泥浆循环系统是指在钻进过程中经过泥浆循环槽、沉淀池（箱）等地表循环系统循环，由此实现除砂、达到泥浆净化。它是利用重力作用原理，使岩粉及其固体杂物跟随泥浆慢速流动时，在重力作用下沉淀、并行排除的净化方法。

以机械（旋流除砂器）除砂法进行净化时，应采用爬钉或钢丝绳索将旋流除砂器绑固安装在钻塔与泥浆循环系统之间的位置。

（2）泥浆池的净化

泥浆池可采用机械除砂法或重力下沉结合人工除砂法进行净化。其中：机械除砂法常用旋流除砂器，具有既除砂、又除泥，劳动强度小等优点，应积极应用推广。

①旋流除砂法

旋流除砂器的结构如图 1-19 所示。由于岩粉的重量大于泥浆黏土颗粒的重量，在离心力的作用下，岩粉很快下沉。从孔内返回的泥浆在一定的压力作用下从侧面切线方向以 9~12m/s 的流速，进入圆筒体后，在离心力的作用下，产生旋流运动破坏了泥浆的结构，使较粗的固相颗粒从泥浆中分离出来，沿筒壁迅速沉淀至锥体下部，并由排砂嘴排出。此离心力比重力沉砂的能力要高几百倍，除砂效果良好，可以清除 20μm 左右的颗粒。由于此方法为机械带动浆液循环除砂，因此，具有劳动强度小、但处理时间较长的特点；该方法在有条件的施工单位应积极推广使用。

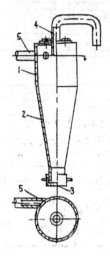

图 1-19　旋流除砂器

1-圆筒体；2-锥形体；3-排砂嘴；4-溢流管；5-进浆管

②重力下沉岩粉——人工除砂法

即指岩粉在重力作用下，沉聚于泥浆沉淀池及循环槽；采用人工借助打捞工具清除沉砂。此方法具有处理时间短，清除沉砂比较彻底的特点；但劳动强度大。

此外，循环系统的净化方法还有震动式泥浆筛除砂法等。

2）泥浆搅拌与维护

（1）泥浆搅拌机类型

泥浆搅拌机是钻进复杂地层时配用的钻探辅助设备。主要作用是将泥浆搅匀。在地勘钻探施工中，所用的泥浆搅拌机类型主要有机械式和水力式搅拌机。

①机械式搅拌机

机械式泥浆搅拌机按结构（主轴与地面平行或垂直）形式不同，可分为卧式和立式两类。其中：卧式搅拌机有单轴和双轴之分；按容量不同，还有 $0.3m^3$、$0.5m^3$、$2m^3$、$3m^3$、$4m^3$ 等多种规格。这一类泥浆搅拌机比较笨重，搬运不方便。立式泥浆搅拌机如图 1-20 所示，其结构简单、轻便，一般搅拌速度为 80~100r/min。

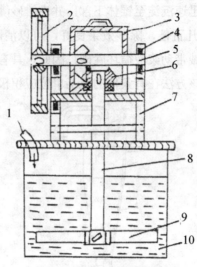

图 1-20　立式搅拌装置

1-输水管；2-工作轮；3-齿轮箱；4-轴承；5-传动轴；

6-伞齿轮；7-机架；8-搅拌轴；9-搅叶；10-搅拌桶

②水力式搅拌机

水力式搅拌机基本原理如图 1-21 所示。此种搅拌机可不单独配备动力，利用施工现场的泥浆泵送入液体进行反复循环，即可实现拌制泥浆。当使用黏土粉造浆时，最好采用水力搅拌器。

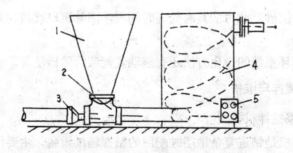

图 1-21　水力搅拌器

1-漏斗；2-三通管；3-喷嘴；4-容器；5-钢板

（2）常用泥浆搅拌方法

根据泥浆消耗量的大小，采用的泥浆搅拌方法分别有人力搅拌、机械搅拌和水力式搅拌法；其中，以机械搅拌法配制泥浆较为常见。

①机械搅拌法

它是利用动力机械带动搅拌爪或搅拌链条等搅拌用具旋转，迫使泥浆原料实现水力运动、均匀分散而配制泥浆。

配制时根据所要求的相对密度，把应加的黏土和水加到搅拌机里搅拌，待黏土和水充分分散后再加适量的碱及其他化学药剂。当泥浆的性能指标达到要求时，停止搅拌。

机械搅拌法操作程序为：向搅拌容器注水（2/3）并徐徐加入计算所需的黏土和纯碱，开机搅拌（5~8min）→然后逐一加入其他处理剂（每次间隔 5min），继续搅拌→补充注水，接近注满容器，再行搅拌→当泥浆的性能指标达到要求时，停止搅拌。

在深孔钻进、泥浆用量较大时，应优先择用机械搅拌法配制泥浆。

②水力搅拌法

它是利用泥浆泵送入液体进行水力反复循环，使泥浆原料实现均匀分散而配制成泥浆。操作程序为：开泵送水→然后逐一向水力搅拌器漏斗中加入黏土、纯碱或其他处理剂→继续搅拌，→当泥浆的性能指标达到要求时，停止水力循环搅拌。

在中深孔钻进、泥浆用量较大时，可择用水力搅拌法配制泥浆。

③人力搅拌法

即为当班职工操作棍棒等用具进行搅拌配制泥浆的方法。拌浆原理和操作程序与机械搅拌法基本相同。一般在浅孔钻进、泥浆消耗量较小时，可优先择用。

3.钻进

1）粗径钻具和钻杆入孔

轻合离合器，松开升降机两手把，提引器下移，孔口人员配合将提引器挂好地面粗径钻具，并将提引器缺口朝下，即可提升粗径钻具，提升手把下压，钻具上升，操作者要注意提引器及钻头底部。在粗径钻具上升的同时，孔口人员应将钻具托起，以免钻头在地面撞击、拖拉。当钻头提到孔口上方后刹车，取开孔口盖，将钻具对准孔口后，慢放钻具，钻具入孔后适当加快下降速度，至孔口叉上垫叉，刹车，取下提引器。

2）主动钻杆与孔内钻具对接

提引器上升至主动钻杆顶部，前移钻机至孔口或合上立轴，提引器挂好主动钻杆，主动钻杆与孔内钻具对接，完成下钻。

3）下钻时应注意

钻具下降时，升降机操作者应了解孔内情况。通过换径、掉块、脱落岩心、探头石等到孔段应放慢下降速度。下钻遇阻时，不能猛墩强扭钻具，可用钳子慢慢回转钻具，若无效应提出钻具，下十字合金钻头或针状合金钻头处理，若是钻孔缩径造成钻具受阻，则应反复扫孔。

4）轻压慢转至孔底

（1）开泵

拧紧机上主动钻杆后，即开泵向孔内送水，并注意观察返水情况。

（2）轻压慢转底至孔底

继续下放钻具，班长根据记录员计算的机上余尺和孔内情况，在离孔底或离残渣上部 0.3m 左右处，刹车停住钻具。在确认冲洗液循环畅通后，断开离合器将分动手柄置于回转位置，变速手柄置于一档位置，卡紧卡盘，轻合离合器，采用轻压、慢转、至孔底。

要随时注意泥浆泵工作情况，发现泵压突然升高，可能是残渣堵塞钻头，应立即减缓钻具下降，或停止、或微升钻具，使泵压回到正常值，防止因泵压过高整坏泥浆泵和高压管路系统。

5）钻进

钻具轻压慢转至孔底，磨合几分钟后断开离合器停车。将转速转换到正常转速，慢合离合器，然后将钻压增至正常值，进入正常钻进。

（1）钻压的选择

①钻压存在最优值：钻压不足，钻进效率低，甚至不进尺；钻压达到一定值，岩石产生体积破碎，这时提高转速，可获得较高钻速；钻压过高，虽一时钻速会有所增加，但排粉，冷却困难，钻头磨损加剧，甚至造成烧钻，反而会使钻进效率降低。因此钻压存在最优值。

②钻压的确定：钻头不同，钻进地层不同，所采用的钻压是不同的，具体钻进时应根据理论计算的推荐值，结合经验调整压力大小，硬质合金钻进的钻压按单颗合金推荐压力值，金刚石钻进的钻压按钻头直径推荐压力值。

（2）转速的选择

①转速与钻进的关系，在钻压正常的条件下，钻速与转速在一定范围内成正比关系。条件允许时，应增加转速以提高钻进效率。在转速增加时，要适当加大泵量，改善排粉及钻头冷却条件。

②转速的确定：硬质合金钻头、表镶金刚石钻头，钻进转速较低；孕

镶金刚石钻头钻进转速较高。钻进强研磨性、粗颗粒、破碎岩层，均应适当降低转速。

（3）冲洗液量的选择

①冲洗液量与地层关系：钻进塑性松软岩石，产生的岩屑多，泵量宜大些，钻进致密，坚硬岩石，泵量可小些；而对于一些松软易破，怕水冲的地层，泵量宜更小。

②冲洗液的确定：硬质合金可用于各种软、塑地层及可钻性 8 级以下地层的钻进，泵量依地层不同变化较大；金刚石钻进其钻具间隙小， 一般多用于较稳定的岩层钻进，泵量较硬质合金钻进相对量略小，变化范围也不大。

（4）金刚石钻进防止钻头的"慢烧"

①慢烧现象：在非均质岩层中钻进，由硬地层进入软地层时，钻速会加快，金刚石钻头唇部与地层间隙变小，易造成钻头的慢烧。正常地层中，钻进的钻速过高，冷却不良，也会一边进尺，一边烧钻的慢烧现象。慢烧现象往往不易发现，危害很大。

②防止慢烧的措施：钻进中要有专人监控钻进状况，一般由钻机操作者负责；操作者要集中精力，随时注意钻速变化，及时采取应对措施；一般应控制机械钻速，用给进控制阀控制下降速度。

大师点睛

钻进操作注意事项：

一个回次应由一个人操作，以便正确掌握孔内情况。操作者应精力集中，随时注意地层变化、进尺速度、返水大小、泵压变化、柴油机或电机声响及电流表、功率表的变化。及时发现问题解决问题。

金刚石钻进不能中途加接钻杆，不能提动钻具，以免卡断岩心，发生岩心堵塞。若发现岩心轻微堵塞，但泵压和返水正常，可稍微上下活动钻具处理，若处理无效应及早提钻避免在高压下长时间硬磨。钻速骤降应立即提钻。

6）取心

当回次钻进长度已接近内管容纳长度，或因取心要求达到限制的回次时间、回次长度，或钻头磨耗需更换，或其他孔内异常需提钻时，应按一定的程序进行取心操作。

（1）硬质合金钻进卡料取心

①卡料可用坚硬、不易挤碎的石子、碎玻璃或瓷片敲成小块使用，也可用粗河沙及钢粒。用铅丝制作卡料可以增加长度和挤扭能力，不易脱落和破裂失效。

②卡料规格应适应岩心与钻头间的间隙。一般规格为 2~5mm，铅丝用 8~12mm，长度为岩心直径的 1.5~2 倍可用单股，双股或多股。

③碎卡料通过敲击修整及筛选制备，各项尺寸应均匀，避免投放中堵塞；铅丝双股以上应扭成麻花形。

④停泵后卸开水龙头上的丝堵，将卡料按小－中－大或细－中－粗先后投入，投放要慢，同时用手锤敲震主动钻杆下端，防止卡料中途堵塞。

⑤碎卡料投量为 60~80cm^3 铅丝 5~8 根即可。

⑥拧上丝堵，泵量先小后大将卡料冲送到位，时间依孔深及冲洗液位度而定。

⑦确认卡料到位后，停泵。转动钻具数圈将岩心扭断即可提钻。

（2）卡簧取心步骤

①孔内干净，口径小可先停泵再卡心；孔内不清洁或钻进口径较大，应先卡心再停泵。

②停止钻具回转。

③用立轴将钻具提离孔底 50~70mm，使岩心被卡簧抱紧拉断。

④不得用钻具回探孔底，防止将卡好的岩心顶脱。

（3）干钻卡取法

在钻进软岩或有黏性的地层时，一般可采用干钻法取心。

①停止送水，停泵后卸开水龙头上的丝堵，投放合适大小的钢球，同时用手锤敲震主动钻杆下端，让钢球下落到粗径钻具的投球式异径接头，拧上丝堵。

②干钻一小段，使岩心与钻头挤塞牢固，这样就能将岩心取出。应注意干钻的长度，过短挤塞不牢，取不上心；过长虽能挤塞牢固，但易烧灼岩矿心，甚至于发生烧钻事故。一般为 100~200mm。

7）提钻

岩心提断后即可提钻。钻具提离孔底后严禁再下放到孔底。

（1）提出主动钻杆

①首先将离合器断开，将变速手柄置于低速挡，分动手柄置于升降位置，轻合离合器。

②拉紧升降机钢丝绳不使钻具在松开卡盘后下降，松卡盘，提升主动钻杆。待主动钻杆下端提出孔口后叉上垫叉，用板叉加力杆卸第一扣，再用钻机反转档或管钳或牙钳卸开主动杆。

③卡盘卡住主动钻杆，提离孔口，后移钻机或打开立轴，摘除提引器即可提升钻具。

（2）钻具提升

①钻具提升要稳、准、轻。即提升要稳、刹车要准、下放要轻，防止岩心脱落。

②钻具提升中途遇阻，可上下窜动，不要一次拉死。

（3）粗径钻具提至地面

①粗径钻具提出孔口下放时，提引器缺口向下，由井口人员托住钻具下部（而非底部）外移，不能让钻头在地面上拖拉。

②硬质合金钻进时的岩心从岩心管内取出。一般采用大锤敲震的办法，井口人员辅助粗径钻具用提引器将钻具斜吊，敲击部位应是钻头钢体，不得击到岩心管、丝扣及硬质合金。

③金刚石钻进时的岩心从岩心管内取出。将粗径钻具平稳放在机场地板上。采用多点式自由钳专用工具卸开钻头，拔出短接管、卡簧座、卡簧。使钻具底端向下另一端略向上，岩心便会从内管中滑出。

4.成孔作业

钻进的基本操作。

1）钻机的启动

（1）开动前的检查与维护

①检查并紧固各部固定螺丝、连接螺丝及油管接头。

②检查回转系统是否良好，并加注润滑油或润滑脂。

③检查变速箱、分动箱、减速箱、液压油箱等油量是否适量。

④检查升降机制动装置、摩擦离合器、钻机移动锁紧装置、液压操作机械及变速、变向、分动机构的作用是否可靠，各操作手把是否搬动灵活、定位正确。

⑤将各操作手把、阀门放在正确的位置，以人力转动机器或空载试车，检查各机件的作用是否灵活可靠。

（2）运转中的操作与维护

①接合离合器时，必须轻、匀、平稳。

②操作各手把进行变速、变向、分动或接合时，必须将离合器置于分离位置。

③卡盘必须均匀拧紧。

④使用行星轮式升降机时，严禁将左右抱闸同时闸紧。

移动油压钻机前，应先松开锁紧机构并将滑轨擦净，涂上润滑油。移动后将锁紧机构锁紧。油压钻机不在前后极限位置时，严禁进行钻进或提升工作。

⑤钻进中应注意油压表和孔底压力指示表的反应。需要加大或减小孔底轴心压力时，应逐步调节，不得突然改变。各液压操作手把不得同时使用。

⑥随时注意机器各部有无异常响声，以及变速箱、回转器、立轴箱、轴承、轴套、油泵、油管、油箱等处有无超过烫手温度（60℃左右）。

⑦深孔作业时，有冷却装置的制圈必须按规定使用冷却水进行冷却。寒冷天气停车时间较长时，要将冷却水放净。

⑧保持钻机清洁，机体表面不得存有泥浆、砂粒或其他杂物。

2）升降钻具

升降钻具一般分为三个过程，即提升钻具、下降钻具、制动钻具与微动。

（1）升降钻具前的检查

①检查升降机抱闸的刹紧力与松开程度是否适合，制带与卷筒的同心度是否一致，刹紧时受力是否均匀。如不适当时应进行调整。

②检查各变速、分动手柄的位置是否适当。变速手柄不可放在反挡的位置上。

③提升主动钻杆，应先松开卡盘。操作升降机前应先与塔上、井口人员联络好。人离开升降机时必须刹紧抱闸，同时用棘爪卡紧棘轮。

（2）提升钻具

压下提升抱闸，同时松开制动抱闸，卷筒旋转从而缠绕钢绳，实现提升钻具。提升时应注意，如果是提升孔内钻具，操作人员应注意孔口，一旦发现所提升的钻具底端接头出露孔口时应立即刹车。防止意外碰撞塔上物件。如果是提升空提引器，则视力应跟着提引器上移，当提升到所需高度时应立即刹车。同时要防止提引器碰撞塔上栏杆和翻过天车。

（3）下降钻具

同时松开提升与制动抱闸，使行星轮制动盘和卷筒均处于自由状态，由于钻具自重的作用，卷筒反转放松钢绳，从而实现钻具下降。钻具下降时，操作者视线应随提引器下移。

（4）制动钻具

松开提升抱闸，同时压下制动抱闸，即可制动钻具，停止升降，制动时，除紧急情况外，刹车一般不要猛刹，下压制动手把要提前进行，用力要缓慢地逐渐加大。

（5）微动操作

利用提升和制动两抱闸的联合动作，在很短的时间内实现提升、制动、下降的连续动作。在钻探生产中有不少情况（如捞取岩心，处理钻杆折断事故等）需要用到此种操作。在进行微动操作时，切莫将两个抱闸同时刹死，否则将损坏机件。

3）泥浆泵启动

（1）开动前的检查

①检查各部机件及螺丝的连接是否牢固。

②检查吸水管、高压管的连接及各部衬垫、活阀和活阀座是否严密。

③检查莲蓬头有无堵塞现象，阀门与阀座是否严密。莲蓬头距水源箱底应大于 0.3m。吸水高度一般不得超过 3m。吸水管不得有急剧弯折现象。

④检查拉杆防泥挡和塞线压盖是否严密。

⑤检查变速箱、曲轴箱及各润滑部位的润滑油是否适量，各密封处是否密封良好。

⑥检查离合器、变速机构的作用是否灵活可靠。

⑦检查安全阀、三通水门、卸荷阀是否好用。

⑧以人力转动机器，检查各传动部件是否正常可靠。检查皮带轮的旋转方向是否与箭头标示的方向一致。

（2）运转中的操作与维护

①将三通水门或卸荷阀置于回水位置，平稳地开动泥浆泵，待运转正

常后，再向孔内泵送冲洗液。

②运转中注意机器各部有无异声；排水是否均匀；有无漏气、漏水、漏油等现象；注意压力表的工作情况。

③使用陶瓷柱塞的泥浆泵，应保证柱塞的良好冷却和密封圈松紧适度。

④变速时，必须先切断动力，再换挡。

⑤停泵前，应将三通水门或卸荷阀转至回水位置。

⑥保持泵体的清洁。

⑦在严寒结冰地区较长时间停车时，必须清洗并放净泵体内、管路中和莲蓬头里的冲洗液。

4）正常钻进

按照预先选定的合理钻进技术参数进行钻进，在钻进过程中，钻孔内即未出现任何异常情况、各类机械设备也运转正常的一种钻进状况称为正常钻进。

5）岩（土）矿心采取

由于不同岩土层的物理力学性质不同，其取心的难易程度和取心品质也难得一样。因此，必须根据岩土层的具体情况，正确地选择取心方法，取心工具和操作工艺。

（1）提高单管取心质量采取的措施

①合理的选择钻进技术参数，正确掌握操作技术；

②正确选择卡取岩心（样）的方法，注意掌握操作技术；

③平稳、慢速提升钻具，预防岩心（样）脱落事故。

（2）合理采用双管取心钻具

①单动双管钻具的主要特点

有单动装置，避免了机械作用对岩心（样）的破坏。有的单动双管钻具还分别设有防震。防污染，防脱落和退心装置。因此，可以提高岩心的采取质量。

②双动双管钻具的主要特点

避免了冲洗液对岩土样的直接冲刷和岩土样不受钻杆柱内水柱压力的作用，因而能够保证获得较好的岩土样采取质量。

表 1-3　按岩土层的类别来选取心方法和取心工具

类别	特征	可钻性等级	主要物理力学性质	适用的取心方法和取心钻具
一类	完整、致密、少裂缝、不怕冲刷的岩土层	IV~VII	不易断裂破碎，耐磨性高，不怕冲刷，取心容易，采取率高	普通单管合金钻进和钢粒钻进，卡料取心；金刚石双管钻进，卡簧取心
二类	节理、片理、裂隙发育的破碎的岩土层	IV~VII VII~IX X~IX （部分）	黏性低或无黏性，抗磨性低，回转振动易破碎，怕冲刷易磨损流失和污染 无黏性、易受钻具振动和冲洗液冲刷而破碎成块状，易磨损、流失，不易取出完整岩心	无泵钻进，双动双层岩心管，隔水单动，爪簧式单动双层岩心管，或喷射式孔底反循环钻具钢粒钻进喷射式反循环钻具，金刚石双管钻具无泵双动双管钻具
三类	软硬不均、变化频繁极不稳定的岩土层	可钻性相差悬殊	岩土层间可钻性悬殊，易破碎和磨损，黏性差，怕冲刷，不易钻进和取芯	爪簧式单动双管，隔水式单动双管等
四类	软、松散破碎的岩土层	I~V	胶结性差，松散易破碎，易烧灼变质，易坍塌	无泵反循环具，双层双动岩心管，阿是双管，喷射式孔底反循环钻具等
五类	易被冲洗液溶蚀、溶解的岩土层	II~V	易溶解，溶蚀，怕冲刷	采用不同介质的饱和冲洗液，选用无泵钻局，喷反钻具，或单动双管的硬质合金钻进

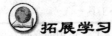**拓展学习**

根据工程需要采用取土器采样

为了保证取样质量，除选择合适的取土器和取样方法外，还应注意以下几点：

（1）要准确掌握取样层位、层厚及顶底板位置。如要在厚 1m 的黏土层中取样，按要求需压入取土层450mm 左右。这可有两种取法。一是为了保险起见，可从距顶板 0.3~0.8m 之间取样，即该层位只能取一个原状土样，若取样失败，就无法补救。二是可从层厚的 0~0.5m 间取样。若取样失败，还可再从 0.5m 至该层底板之间取样，取样成功的把握较大。但这要求在取心孔施工时丈量钻杆和机上余尺十分准确，而且岩心采取率也应很高。否则将造成取出土样两端的岩性不一致。

（2）选用正确的钻进方法，保证在采样前孔底土样不受压缩或扰动。特别是采用冲击钻进和振动钻进时，下部土层受影响较大。因此，在取样前最好换用勺形或螺旋形钻头回转钻进一个回次后。再下取土器采样，并控制回次进次长度。一般对于软塑土、饱和砂土、饱和黄土，在取样前采用回转钻进，回次进尺控制在 0.3~0.1m；对于可塑至坚硬的黏性土，如用冲击钻进时，在取样前一次的回次进尺不得超过 0.3m。

（3）取样前应将孔内钻进过程中残存的岩土清理干净。若残土过多，取土时易挤压土样而影响取土质量。

（4）取土钻孔的孔径要适当，保证取土器与孔壁之间有一定间隙。若间隙过小，取土器在下放过程中要切刮孔壁，造成孔底残土增多。尤其是在软土中，孔壁易缩径，更应加大取土器与孔壁间间隙。一般要求这个环状间隙不小于 20mm。钻孔还应保持垂直，以避免取土器下放时切刮孔壁。当取样井段较深时，在取样器上部可连接加重杆。

（5）取完土样后，在提升取土器时，土样要受到孔底真空吸力、提升时的惯性力和拧卸钻杆产生的振动和冲击力的作用，影响土样质量。因此，应细致、稳妥的操作。

（6）土样取出后，应立即用胶布和石蜡密封，注明上下，并贴上标签。存放时应避免振动、日晒、雨淋和冻结。运输时应做好防振和保温措施。

5.钻探记录（钻具丈量）

1）钻具组合及其长度丈量计算

（1）钻具的组合连接

①单管钻具的组合连接

　　　　异径接头＋（单层）岩心管＋钻头

②双管钻具的组合连接

　　　　双管接头＋（内、外）岩心管＋（内、外）钻头

（2）钻具长度与机上余尺的丈量

①钻具长度的丈量

用钢卷尺从钻具的一端丈量至钻具的另一端。注意：内螺纹钻具的丝扣长度应计入所丈量的钻具长度；而外内螺纹钻具的丝扣长度则不应丈量或不计入钻具长度。

②机上余尺的丈量

机上余尺是指从钻机立轴的中间横梁开始量至机上钻杆上部水龙头处的长度。

（3）钻具长度与孔深、机上余尺的计算

①钻具总长的计算

L ＝粗径钻具（钻头＋岩心管＋异径接头及短杆）长度＋孔内钻杆（立根、双根、单根）长度＋机上钻杆长度

②孔深的计算

$$H = L - (h_{高} + h_{余})$$

式中：

H—孔深（m）；

L—钻具总长（m）；

$h_{高}$—钻机高度（m）；

$h_{余}$—机上余尺。

③机上余尺的计算

$$h_{余} = L - H - h_{高}$$

2）常用量具

量具在钻探施工中主要作为丈量钻具、测量钻头、扩孔器尺寸以及其他测量用。量具质量的精确与否，直接关系到记录工作的真实性与准确性。因此，正确选择和使用量具，是十分必要的。

（1）量具的类型

钻探施工场所使用的量具主要有钢直尺、钢卷尺、游标卡尺及内、外卡钳等。

（2）常用量具的使用

钢直尺的主要用途是测量长度小的工件。其规格有：150mm、300mm、500mm、1000mm、1500mm、2000mm 共 6 种。

钢卷尺的主要用途是测量长度大的工件。小钢卷尺有 1m、2m、3.5m

共 3 种；大钢卷尺有 10m、15m、20m、30m、50m、100m 等几种。

①游标卡尺的使用

游标卡尺是指示量具，如图 1-22 所示，它可以直接测量出工件的外尺寸、内尺寸和深度尺寸。游标卡尺的读数示值有 0.02mm、0.05mm、0.1mm 三种，本身的示值总误差分别为±0.02mm、±0.05mm、±0.1mm。因此，它是一种适合于测量中等精度尺寸的量具。

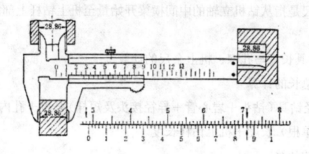

图 1-22 游标卡尺量值的读法

②游标卡尺测量量值的读法

读出在副尺游标零线左面的主尺整数毫米值，图 1-22 中为 28mm。

在副尺游标上找出哪一条刻线与主尺刻线对齐，读出尺寸的毫米小数值，图 1-22 中为 0.86mm。

将主尺上读出的整数和副尺上读出的小数相加，即得测量值，图 1-22 中为 28+0.86=28.86mm。

③用游标卡尺测量尺寸的方法

测量前，应检查校对零位的准确性。擦净量爪两测量面，并将两测量面接触贴合，如无透光现象（或有极微的均匀透光）而其主尺与副尺游标的零线正好对齐，说明游标卡尺零位准确。否则，说明游标卡尺的两测量面已有磨损，测量的示值就不准确，必须对读数加以相应的修正。

测量时，应将两量爪张开到略大于被测尺寸，将固定量爪的测量面贴靠着工件，然后轻轻用力移动副尺，使活动量爪的测量面也紧靠工件（如图 1-23 所示），并使卡尺测量面的连线垂直于被测表面；不可处于如图 1-24 所示歪斜位置。然后把制动螺钉拧紧，读出读数。读数时，应把卡尺水平拿着，对着光线明亮的地方，视线垂直于刻线表面，避免由斜视角造成的读数误差。

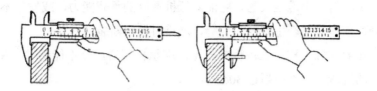

图 1-23　测量时量爪的动作

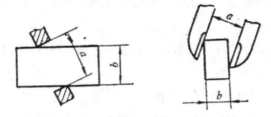

图 1-24　游标卡尺测量面与工件的错误接法

量具使用注意事项：

1. 在钻探施工中丈量钻具时，严禁使用皮尺。原因是皮尺的伸缩性较大，由此会丈量钻具时误差较大。

2. 使用钢卷尺丈量钻具时，应将卷尺拉直，读数时目光应垂直于尺面。

大师点睛

3. 每次丈量钻具后，都应及时用干净抹布将卷尺擦拭干净，以免卷尺生锈影响使用

4. 使用中应避免钢卷尺过度卷曲，以防折断卷尺。

5. 内、外卡钳撇用过程中应避免变形，变形严重时不能使用。

6. 游标卡尺的上下量爪不能有变形和磨损，尺框不能晃动，否则会影响测量精度。

7. 游标卡尺的主尺应平直，游标在主尺上应滑动自如，每次使用游标长卡后，都应将卡尺擦拭干净，并放入卡尺盒内，妥善保管。

3）孔底沉渣厚度

（1）沉渣厚度要求

在工程地质钻探施工中，由于钻头在孔底连续不断地刻取研磨、破碎岩（土），会在孔内形成大量的岩屑、岩粉和砂粒，特别是在大口径工程钻进和冲击钻进中，这种情况尤为突出，在以泥浆护壁循环的钻孔中，大部分的岩屑、岩粉和砂粒，均可以由泥浆带出孔外而被清除，小部分的岩屑、岩粉和砂粒会逐渐沉淀在孔底，形成孔底沉渣。在大口径灌注桩工程

中，沉渣的危害是很大的，它能降低桩基础的承载能力，或发生不均匀的沉降，使建筑物产生裂纹、畏缝，严重时发生断裂。

在灌注桩工程施工规程中规定：端承桩沉渣厚度不能超过 10cm；摩擦桩的沉渣厚度不能超过 30cm。

（2）沉渣厚度检测

当孔底沉渣或虚土（沉淤）超过规定的允许范围时，应当进行清渣处理，直至达到规定为止。

灌注桩施工一般在成孔后，下钢筋笼之前应进行清孔换浆。

①清孔方法

a. 正反循环法清孔（换浆法）

在钻孔深度达到标高后，将钻具稍提离孔底不停转，继续用泵循环冲洗液，开始时用原浆进行循环，随着残存的沉渣不断的被返出，然后逐渐降低泥浆黏度，直到孔底沉渣达到要求为止。为保证孔壁的稳定，上述工作应迅速进行。反循环时，还必须保持孔内水位高于孔外水位 2m，使孔内有足够的水位压力，防止孔壁坍塌。

b. 掏渣清孔

即用掏渣筒进行捞渣，此法在冲击钻进中用得最为普遍。随着捞渣的不断进行，孔内泥浆的相对密度逐渐减小，但不宜低于 1.15~1.25。以防孔壁坍塌。

c. 空压机抽浆清孔

即以压气反循环的方式进行清孔。此法在水文水井工程洗井工作中常被采用，效果很好。

由风管将压缩空气通过混合器进入排渣管。在管内形成低密度的气液混合物，在压差的作用下，沿排渣管向外排出泥浆和孔底沉渣。此法适用于孔壁稳定、孔深较大的钻孔。

②孔底沉渣厚度的测量

测量孔底沉渣的方法主要有：

a. 钻杆探测法

用钻进用的钻杆直接送入到孔底进行探测。为提高探测的准确性，应在钻杆底部安装一个探测盘，探测盘可用钢板制成。其直径大小视孔径而定，一般是以等于或小于所用钻头的直径即可。采用此法主要适用于中,深孔沉渣的探测。

b. 重锤（测锤）探测法

用一重锤（或重物）系于测绳上，下入孔内进行探测。探测时，慢慢放入测绳（始终保持测绳被拉直），当重锤到达沉渣面时，测绳将呈松弛状态，为保证测量准确度，可在此位置上下反复探测，如果经反复几次后，重锤均在此位置不再下沉时，探测工作即结束。在测绳上作好标记后就可提起测绳，然后即可算出孔内沉渣厚度。此法简单方便，一般在大口径桩基工程，供水井工程中使用普遍。它主要适用于浅孔。

测锤可用圆钢车制而成，也可以用钢板焊制。测锤重量视测绳种类、探测孔深、孔径和泥浆密度而定，一般 1~5kg。锤底直径为130~150mm，高度 180~200mm。

任务实施

1. 先选出进行浅孔作业的钻机及配套工具。

2. 能够根据以上工作步骤来完成浅孔作业。

总结与评价

评价内容	评价指标	标准分	评分
安全意识	能否进行安全操作	20	
作业过程	操作熟练程度	20	
分配能力	分工是否明确	20	
团队协作	相互配合默契程度	20	
归纳总结	总结的是否齐全面	20	

项目 2

水文水井钻进

学习导入

本项目学习水文水井钻进，掌握 100m 水井钻进和 250m 水井钻进的操作工程，掌握钻进中的安全技术操作规范。

任务 1   100m 水井的钻进

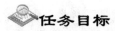 **任务目标**

1.能够选择合理的钻机；

2.掌握水文水井的工艺知识；

3.掌握水文水井钻探质量；

4.了解水文水井钻的安全技术操作规范；

5.能够使用钻进进行 100m 水井的钻进。

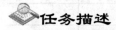 **任务描述**

选择合适的钻机完成 100m 水井的钻进工作。

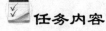 **任务内容**

1.水文水井钻孔的结构及分类

1）水文地质和水井钻孔的分类

（1）水文地质普查孔

在未进行过水文地质工作的地区，通过钻探了解地层情况，含水层的埋藏条件、构造等。这类钻孔采用常规口径取心钻进，其质量按岩心钻探六项质量指标要求，即：岩心采取率，钻孔弯曲度，校正孔深误差，简易水文地质观测，封孔及钻孔原始记录和技术档案。

（2）水文地质勘探孔

水文地质勘探孔，除达到水文地质钻孔的质量要求外，还需取得地下水位、水量、水质、水温以及其他水文地质资料。为此需进行抽水等试验。这就需要将钻孔直径加大，进行下管、填砾、止水、洗井等成井工序，然后再进行抽水试验和水文地质观测工作。

（3）水文地质长期观测孔

水文地质长期观测孔是通过钻孔定时测定地下水位，以了解大范围内地下水动态变化。

（4）探采结合孔

水文地质勘探孔在满足水文地质勘探之目的后，应根据用户的要求，进行扩孔成井。或在勘探孔施工时就按供水井要求进行，在取得水文地质勘探资料后，移交用户作供水井使用。

（5）供水井

为满足供水需要而进行钻井成井。按成井规范要求，一般其直径都较大。

2）水文地质和水井钻的孔（井）身结构要素

（1）孔（井）深

钻孔（井）深度由勘探或开采地下水目的层的埋藏深度决定。钻穿设计最后一层含水层 3~5m 即可终孔。

（2）孔（井）径

钻孔（井）直径包括开孔直径、终孔直径以及换径次数。

终孔直径按地质要求不能小于 110mm，同时还应考虑滤水管的直径和抽水泵泵体外径的尺寸。

换径次数由地质情况决定。

开孔直径由终孔直径和换径次数推出。

3）水文地质和水井钻的孔（井）身结构

（1）水文地质钻孔的结构

水文地质钻孔包括：

①水文地质普查钻孔。这类钻孔要求全孔取心，取心孔段钻孔直径要求不小于 110mm。因此终孔直径一般为 110mm。

②水文地质勘探钻孔。这类钻孔除要求取心外，还要进行抽水试验，

并要求滤水管直径不小于 108mm，同时还应考虑填砾时对钻孔直径的要求。

③水文地质观测钻孔。这类钻孔是在取得水文地质资料后，为监测地下水活动规律而保留的水文地质勘探钻孔。其孔径应满足观测工具、仪器顺畅工作。

水文地质钻孔结构形式，如图 2-1 所示。

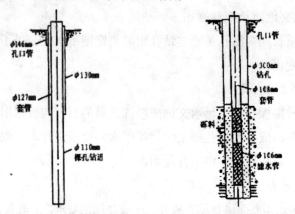

（a）水文地质普查孔结构图　　　（b）水文地质勘探孔结构图

图 2-1　水文地质钻孔结构图

（2）探采结合孔的结构

探采结合孔要同时满足勘探和成井的要求。多采用直径 146mm 或更大的滤水管，上部井管直径要比下入井内的抽水泵泵体直径大一级。钻孔可以一径到底，井管变径可用异径接头联接。如图 2-2 所示。

（3）供水井井身结构

供水井井径大，管外止水常采用永久性封固。所以在确定供水井结构时应充分考虑这些特点以及用户要求和水井的深度。

①浅供水井（浅井）

指井深小于 60m 的供水井。这类水井一般作农田灌溉井，井径一般大于 400mm。浅供水井多采用一径成井的结构。如图 2-3 所示。

②中深供水井

指井深 100~300m 的供水井，井径多在 200~300mm。中深供水井可采用一径或两径成井的结构。

③深供水井

指井深超过 300m 的供水井。深供水井要求对非供水层需进行严格封隔，保护水质，且中间采用多层套管，结构复杂，常采用的结构型式如

图 2-4 所示。

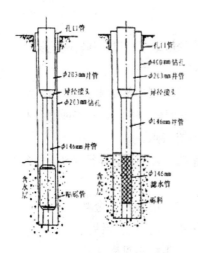

图 2-2　探采结合钻孔结构图　　　图 2-3　浅供水井结构图

④基岩水井

岩石中的裂隙、岩溶是地下水赋存和运动的场所。当开发岩石中的水时，必须将上部地表水或第四纪的含水层加以封隔，以保护岩石中水的质和量。其结构如图 2-5 所示。

以上水井结构都比较单一。随钻探技术的发展，式已出现了井下局部扩孔、横向输水井、辐射井等结构形式，应及时总结、推广和应用。

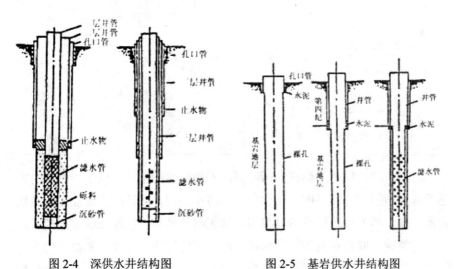

图 2-4　深供水井结构图　　　图 2-5　基岩供水井结构图

2．水文水井钻孔钻进方法

水文水井钻探采用回转钻进时，将钻头直径为 110~190mm 的钻孔称为常规口径，而将超过 200mm 的各级直径的钻孔称为大直径钻孔。

1）取心钻进

常规口径的取心钻进可以分成软地层和松散地层钻进、基岩硬地层钻进。

（1）软地层和松散地层取心钻进

这类地层主要为黏土质地层、砂层、砾石层、泥岩及无硅化的灰岩等地层。特点是松散、不稳定，钻进中易发生缩径、糊钻、坍塌或孔径扩大。故在钻进措施和钻具选择上应适合这类地层特点。

①钻具取心钻进所用井内钻具包括钻头、岩心管、异径接头、取粉管、钻托和钻挺等。

适用于这类地层的取心钻头，目前主要采用硬制合金肋骨钻头。主要形式有三种：螺旋肋骨钻头、阶梯肋骨钻头、内外肋骨钻头。

肋骨钻头结构可参照岩心钻进。肋骨钻头规格见表 2-1。

表 2-1 肋骨钻头规格表

钻头类型	钻头规格	钻头外径	钻头内径	肋骨数/片	合金型号	合金数/个
螺旋肋骨钻头	110/91	110	77	3	T310	11
	130/110	130	96	3~4	T310	11~14
	150/130	150	116	4	T310	14
	170/150	170	130	6	T310	21
	190/170	190	150	6	T310 T310 T110	12
阶梯肋骨钻头	110/91	110	77	4	T105	12
	130/110	130	96	4	T105	14
	150/130	150	116	4	T105	14
	170/150	170	130	6	T105	18
	190/170	190	150	6	T110	12
内外肋骨钻头	110/91/67	110	67	外3、内3	T310	18
	130/110/86	130	86	外3、内3	T310	18
	150/130/106	150	106	外4、内4	T310	24
	170/150/120	170	120	外6、内6	T310 T310	6 12
	190/170/140	190	140	外6、内6	T310 T310	6 12

适用于取心钻进的钻杆，一般采用石油钻井的钻杆，以适应钻进时所遇的强大扭矩。并且采用钻挺加压。为防止井斜，在钻挺上部加入一段扶正器，扶正器外径与粗径钻具相同，扶正器外形可为棱状或螺旋形棱状。

这类地层取心钻具的组装形式，取决于地层的松散程度和取心的难易程度。当地层有一定的胶结力或易于取心时，可选用普通钻具。随地层松散程度的增加，可选用双管钻具、无泵反循环钻具或喷反钻具，以提高岩心采取率和岩心的质量。这些钻具的结构形式与岩心钻探相同。取心钻具的连接方式，在直径较小或扭力不大时，可采用丝扣连接。当直径较大或扭力较大时，可采用丝扣加焊接或完全焊接方式连接，并在岩心管上部连接钻铤和扶正器。

②软地层和松散地层取心钻进方法

软地层取心钻进，宜采用肋骨钻头配合弹子钻具进行钻进和采取岩心。使用弹子钻具是在回次终了时从水龙头处投入弹子，用弹子封闭岩心管顶部，消除钻杆内液柱对岩心的压力，防止提钻时岩心脱落。弹子钻具有单管和双管，根据地层松散程度选用。常用弹子钻具的接头如图 2-6 所示。

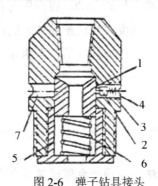

图 2-6　弹子钻具接头

1-球阀座；2-小卡；3-小卡弹簧；

4-小卡堵丝；5-弹簧弹；6-弹簧；7-排水孔

黏土类地层硬度小黏性大，切削具易于压入并有冲洗液的溶蚀、分解作用。宜选用低黏度、低比重优质泥浆或抑制体系冲洗液护壁，配合低压力、中转速、较大泵量的钻进参数，适当控制钻进速度的操作方法。

砂岩地层使用双动双管即可满足水文地质钻孔的取心要求。岩心管以 2~3m 为宜。内外管高差应视地层松散程度而定，一般内管超前 40~60mm 即可。内外管之间应有足够的通水断面，以保证冲洗液畅通。当钻进非常松散砂层时，可采用内钻头带钢丝的单动双管钻具。

由于砂层结构松散，在冲洗液冲刷作用下容易进尺，因而应选用高黏度优质泥浆或胶结体系的冲洗液护壁，配合轻压、中转速、中排量的钻进参数，适当控制钻进速度的操作方法。

软岩取心钻进参数可参考表 2-2。

表 2-2　软岩取芯钻进规程表

地　层	钻头类型	压力/（N·粒合金数$^{-1}$）	转速/（m·s^{-1}）	泵量/（L·min^{-1}）
黏土层	肋骨式合金钻头	400 ~ 500	0.9 ~ 2.5	200 ~ 400
砂　层	普通合金钻头	200 ~ 300	0.3 ~ 1.4	150 ~ 300

（2）基岩硬地层取心钻进

水文水井钻探所遇硬地层，多为基岩破碎带、石灰岩及河床上的大漂石、大砾石、卵石等富水地层。由于卵砾石硬度大，又无胶结，如采用带切削具的钻头钻进，切削具很易崩落。不仅钻进效率低，且取心困难，还易造成井斜。因此，在基岩硬地层中进行水文水井钻探时，多采用钢粒钻进和钢粒合金混合钻进方法。只有地层较为完整时才采用密集式硬质合金钻进。

①大直径钢粒钻进大直径钻进时，孔内环状间隙较大，当钻进破碎岩石或大卵砾石层，由于运动钻杆的振动，将产生对孔底和井壁的冲击力。因此采用钢粒钻进，配合高黏度泥浆或淤填体系的冲洗液护壁，是较为有效地钻进方法。大直径钢粒钻进规程参数参考值是：

钻头压力 2~4MPa；

转　　速 0.4~1.0m/s

泵　　量 70~150L/min

投 砂 量 5~20kg/d。

投砂可采用一次投砂法。当遇严重破碎带或孔内漏砂严重时，应选用多次或连续投砂法。

②基岩大直径钻进取心方法大直径基岩取心钻进岩心的采取方法，应根据岩心的直径、完整程度确定。

a. 卡料卡取法：卡料可用钢粒、卡石、铅丝，其规格应视岩心与岩心管的间隙而定。铅丝可用 8# 拧成 2~3 股，长 200~300mm。操作方法与岩心钻探相同。

b. 楔断法：对坚硬完整，又有一定长度的岩心柱，可先用岩心楔断器楔断后，再下岩心管将其卡取。岩心楔断器及楔断岩心的过程如图 2-7 所示。

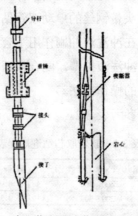

图 2-7　岩心楔断器和楔断岩心示意图

c. 特大直径岩心可用截断岩心的工具或在岩心中部钻一小直径孔后，采用放炮炸断岩心根部的办法采取。

（3）扩孔钻进

在水文水井钻探施工中，为获得分层水文地质资料，钻进探采结合孔或因设备能力有限，无法一次成井时，可采用小直径取心钻进后再扩大孔径的钻进方法，称为扩孔钻进。根据设备能力、成井口径的大小和岩层的性质，可采用一次扩孔成井或多次扩孔成井。扩孔次数称扩孔级数。每次扩孔所加大的钻孔直径差值称扩孔级差。为减少施工程序，应尽量减少扩孔级数增大扩孔级差使用转盘式钻机多采用一次扩孔成井。在卵砾石层中成井时，应尽量避免使用扩孔钻进方法。如遇有少量的卵砾石或厚度不大时，可采用强度大的扩孔钻头，配合中等压力、慢转速和中等泵量的钻进参数，扩孔钻进成井。因此，扩孔钻进主要适用于黏土质地层、砂层等硬度不大的地层。

①扩孔钻头

扩孔钻头形式主要有三种：螺旋翼片式扩孔钻头、直焊翼片式扩孔钻头、多级翼片式扩孔钻头。

以上三种扩孔钻头结构如图 2-8 所示。

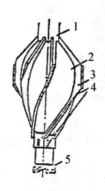 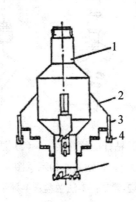 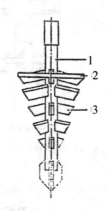

（a）螺旋翼片式扩孔钻头
1-钻头体；2-护板；3-翼片；
4-硬质合金；5-肋骨钻头

（b）四翼梯翼片钻头
1-钻头体；2-翼片；3-肋骨片；
4-硬质合金；5-肋骨钻头

（c）多级翼片式扩孔钻头
1-ø89mm 钻杆；2-导正圈；
3-翼片

图 2-8 扩孔钻头

②扩孔钻具及其连接

扩孔钻进时，提钻间隔时间长，扩孔阻力大，以防止钻具脱落和折断，常采用厚壁管做钻具，并以长丝扣、焊接或法兰盘等方式连接。由于扩孔钻进速度快，易出现螺旋形井壁，故常在钻头上和离钻头 5~6m 处的钻杆上加焊导正圈。导正圈外径比钻头直径小 4~10m，并镶焊硬质合金以增加修刮井壁的能力。又因扩孔是在原钻孔基础上扩大井径的，为防止钻孔偏离原孔轴线，还应在扩孔钻头底部连接一段原孔直径的钻具，起导向作用。导向钻具长 0.5m 左右即可。

扩孔钻具的连接形式如图 2-9 所示。

③扩孔钻进规程参数

大口径扩孔钻进参数，应根据钻头类型、钻具强度、岩层性质，扩孔级差及设备能力综合考虑。一般说来，对黏土类地层宜用中压、中转速、较大泵量；对砂类地层宜用低压、慢转速、大泵量的钻进规程参数。其具体参数可为：

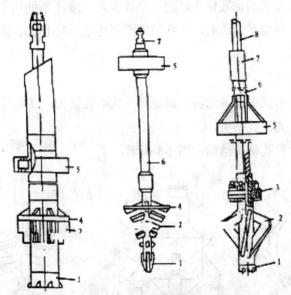

（a）大径管电焊连接（b）钻杆螺纹连接　（c）法兰盘连接

图 2-9　扩孔钻具结构示意图

1-导向钻具；2-翼片；3-法兰盘；4-导正圈；

5-导向；6-ø89 钻杆；7-变径接手；8-小径钻杆

钻头总压力 3~8kN；

转速 0.4~11m/s；

泵量 600~800L/min

扩孔钻进，除正确掌握好钻进参数外，其操作方法也十分重要。这主要是：扩孔钻进时压力要均匀；要保证泥浆泵正常运转，泥浆性能要稳定；导向钻具必须牢靠；充分作好扩孔时的物资和技术准备。

拓展学习

全面钻进

水文水井的全面钻进，是不取心钻进一次成井的钻进方法。适用于水文地质情况已经清楚的不需要取心或某些井段不必要取心的水井、探采结合孔或水文地质钻孔。有些大卵砾石层、漂石层用取心钻进有困难时，也可采用全面钻进。

进行全面钻进时，在需要间隔取样的区段，可采用冲击取样器取样。

1.全面钻进的钻具

全面钻进的钻具主要是全面钻进钻头，钻挺和钻杆。这里只介绍牙轮钻头。牙轮钻头钻进从软地层到硬基岩均可采用，在水文水井钻探，尤其在深水井的钻探中取得了较为显著的效果。

目前水文水井钻探中采用的牙轮钻头，均为石油钻井系列，使用广泛的是三牙轮钻牙轮钻头可分为无体式和有体式两种结构形式。直径小于 ø295mm 的三牙轮钻头一般为无体式，它是以装有牙轮的三个轮掌对焊成一体的牙轮钻头；大直径的牙轮钻头采用有体式结构，它的钻头体和轮掌分别制造，再将轮掌焊接在钻头体上而成。三牙轮钻头结构如图 2-10 所示。

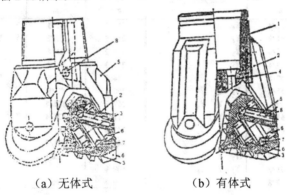

（a）无体式　　　　　　（b）有体式

图 2-10　牙轮钻头

1-钻头体；2-牙爪；3-牙轮；4-水眼板；5-塞销；6-滚柱；7-滚珠；8-定位销

牙轮钻头上牙轮的布置方案根据地层而异。如组成牙轮的锥体至少有一个锥体的锥顶不在钻头轴线上，称为超顶；如三个牙轮的锥体均不与钻头轴线相交，则称为移轴。这样牙轮的布置有以下三种方案，如图 2-11 所示。

（a）非自洁式　　　（b）自洁不移轴　　　（c）日自洁移轴头

图 2-11　牙轮布置方案

非自洁式牙轮的轴线均交于钻头中心线，锥体的顶部不超顶，属纯滚动，牙轮齿圈不与相邻牙轮齿圈啮合。这种布置形式适于坚硬地层钻进。

自洁不移轴牙轮的轴线交于钻头中心线，但有一个牙轮的锥体顶部超顶，各牙轮的齿圈与相邻齿圈啮合，可以剔出齿圈上的积泥，故称为自洁式，但无轴向滑动。这种布置形式适于自洁移轴式牙轮的轴线偏移。牙轮自洁，并有轴向移动，故适于软岩层钻进。

为适应不同地层钻进，钻头牙轮上的轮齿，有钢齿和球齿之分。钢齿钻头上的牙齿是在牙轮体上直接铣制而成，并在牙齿的表面堆焊碳化钨粉，以提高其耐磨程度。球齿钻头的牙齿是在牙轮体的表面镶嵌球形或截锥形硬质合金齿。一般适用于软地层的牙轮钻头的齿高而尖，分布较稀；适用于硬地层的牙轮钻头的齿低矮，分布较密。钢齿或球齿式钻头又分为普通式、密封式和喷射式三种类型。水文地质钻探多采用普通钢齿或球齿式牙轮钻头。

表 2-3 所列为国产普通三牙轮钻头规格，可供选用。

表 2-3 普通钢齿三牙轮钻头产品规格表

钻头直径		类别及型号	钻头直径		类别及型号
mm	in[①]		mm	in	
95.2	33/4	Y_4	212.7	81/3	
104.8	41/8	Y_4	215.9	81/2	Y_2 Y_3 Y_4 Y_5
107.9	41/4	Y_3	222.2	83/4	
120.6	43/4		241.3	91/2	
142.9	55/8	Y_3 Y_5	244.5	95/8	Y_2 Y_3 Y_4 Y_5
149.2	57/8	Y_3 Y_5	250.8	97/8	
152.4	6	Y_2 Y_3 Y_4	269.9	105/8	
158.7	61/4	Y_2 Y_3	311.1	121/4	Y_3 Y_3 Y_4 Y_5
165.1	61/2	Y_2 Y_3 Y_4	347.6	143/4	
			444.5	171/2	
171.4	63/4	Y_2 Y_3	508.0	20	
190.5	71/2	Y_2 Y_3 Y_4	609.9	24	
200.0	77/8		660.4	26	

1in（1英寸）=0.0254m。

表中钻头代号"Y"表示普通钢齿钻头，字母后面数字为钻头的型式代号，由1至7，分别适应地层为极软、软、中软、中、中硬、硬、坚硬。如Y4表示普通钢齿钻头，适用于硬页岩、石灰岩等中等岩层。

2.全面钻进技术参数

为提高水文水井钻进速度和成井质量，在选择全面钻进技术参数时应重视以下两点：

1）采用大钻压

水文水井钻探应逐步采用ø73、ø9、ø114钻杆，并配合相应的钻铤加压。

2）配备大排量泥浆泵

目前水文水井钻探设备中，泥浆泵排量已从200L/min提高到600~1200L/min。这对于加快钻进速度，防止糊钻，提高排粉能力都有显著效果。

2) 冲击钻进

冲击钻进是利用钢丝绳周期性的提动冲击钻具和钻头，以一定的重量和高度冲击孔底，使岩石破碎而获得进尺的一种钻进方法。在每次冲击之后，钻头在钢丝绳的带动下回转一定的角度，从而使钻孔得到规整的圆形断面。当破碎的岩屑和水混合成的岩浆达到一定浓度后，即停止冲击，利用掏砂筒将稠浆掏出，同时向孔内补充一定量液体。如此反复进行直至达到预定井深。

冲击钻进的设备、工具轻便，操作、管理简单，是水文水井和其他工程施工中，钻进大砾石、漂石以及脆性岩层的一种常用的钻进方法。但由于钻进是利用钻具自由下落而破碎岩石的，因而只能钻进垂直的钻孔，且钻孔效率较低，在使用上存在一定的局限性。冲击钻进所使用设备有CZ-20、Cz-22、CZ-30 等。目前，山东省装备公司已研制生产出冲击反循环钻机，经三峡工地检验，效果很好。

（1）钻具

冲击钻进孔内钻具的连接方式如图 2-12 所示，它是破碎地层及取样钻进的重要工具。

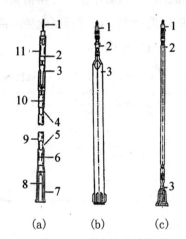

图 2-12   冲击钻具结构图

（a）1-钢丝绳；2、6、10-接口；3-振击器；4、5-拧卸方口；

7-钻头；8-岩粉槽；9-钻杆；10-绳卡

（b）1-钢丝绳接头；2-钻头；3-筒状钻头

（c）1-钢丝绳接头；2-钻杆；3-钻头

①钻头

冲击钻头按其刃部形状可分为一字形、工字形、十字形、马蹄形和圆形，可根据岩石的性质进行选用。目前使用较为普遍的是十字形带副刃的钻头，如图 2-13 所示。十字形钻头底部带有各种刃角的切削刃，用以将冲击力传给岩石。钻头中部称钻头体。为了减少孔底岩浆对钻头的运动阻力，钻头体上开有流通岩浆的沟槽。

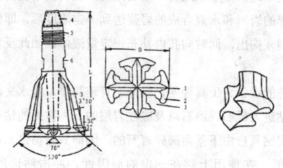

图 2-13　带副刃十字形冲击钻头

1-主刃；2-副刃；3-水槽；4-锥形丝扣；5-环形槽；6-扳手卡槽

冲击钻头的刃角大小，取决于所钻岩石的软硬程度，一般地层可取 100° 左右，软岩为 65°~80°，中硬岩石可制成 90°~110°，硬岩则取 110°~120°。为了减少钻头与井壁的摩擦，在切削刃外端保留有 4°~8° 的间隙角。

冲击钻头上端有连接钻杆的锥形丝扣和打捞钻头用的环形槽。

为了提高钻头刃部的耐磨能力可以进行氰化处理或用合金焊条堆焊。

带副刃十字型冲击钻头规格见表 2-4。

表 2-4　带副刀刃十字型冲击钻头规格表

钻头规格	钻头直径 D/mm	钻头长度 L/mm
14′	350	1280
16′	400	1370
18′	450	1450
20′	500	1520
22′	550	1600
24′	600	1685
26′	650	1780

②冲击钻杆

冲击钻杆是为加重钻头重量用实心圆钢制成。钻杆上端有锥形公扣和打捞的环形槽，下端有锥形母扣，用来连接钻头或捞砂筒。两端还备有拧紧钻具的卡槽。

钻杆间的连接方式有丝扣连接和法兰连接，井内钻杆不能过长，以防钻杆摆动和折断。钻杆的结构如图 2-14 所示，钻杆规格见表 2-5。

钢丝绳接头又称绳卡。它的作用是联接钢丝绳与钻具，并使钻具在钢丝绳扭力作用下，能在钻头冲击一次后自动回转一定的角度。

　　钢丝绳接头的结构如图 2-15 所示。钢丝绳通过顶端伸到接头的中空活塞中，活套可以从接头中取出来，伸到活套内的钢丝绳端部，将钢丝回折成鸡心状后插入活套内，并用巴氏合金焊牢。

表 2-5　冲击钻杆规格表（单位：mm）

规　　格	长　　度	重量/kg
φ112	2000	145
	4000	300
	6000	454
φ140	2000	223
	4000	464
	6000	704
φ165	2000	320
	4000	600
φ188	2000	410

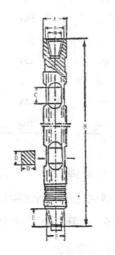 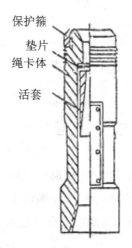

图 2-14　冲击钻杆结构图　　　图 2-15　绳卡结构图

　　当提升钻具时，由于活套与整个钢丝绳接头连为一体，整个钻具受钢丝绳拉伸而扭转，从而使钻具转动一个角度。下放钻具时活套脱离垫片，钢丝绳不受力而恢复原来扭紧状态，连接钢丝绳的活套在垫片间隙内滑动，使钢丝绳实现扭紧而不带动钻头转回。即钻头在提升过程中转动一个角度，而下放过程不转动。因此在钻孔底面得到规整的圆形断面。为避免活套卡死，应经常检查、清洗钢丝绳接头。

　　③掏砂桶

　　掏砂桶又叫抽筒，主要作用是捞取井内岩粉，也可直接用来钻进砂质、黏土质软地层。掏砂桶形状为一圆桶，上梁连接钢丝绳，下端有活门抽取岩粉。活门可根据地层特点做成球阀式、半球阀式或平板式。掏砂桶形式如图2-16所示，规格见表2-6。

图 2-16　掏砂桶

表 2-6　掏砂桶规格表

A	B	C	D	E	F
168	125	300	130	1800	30
219	170	350	140	1500	30
273	215	400	150	1500	30
325	246	450	160	1200	35
377	295	470	200	1000	35
426	340	490	220	1000	35
529	440	520	240	1000	40

④钢丝绳

冲击钻进通常用 6×19 麻心左向交捻钢丝绳。第一个数字表示有 6 股子绳，第二个数字表示每股子绳由 19 根钢丝捻成。钢丝绳规格应根据钻具的最大重量选用，一般取安全系数为 10.6×19 麻心钢丝绳见表2-7。

表 2-7　6×9 麻心钢丝绳规格表

钢丝绳直径 mm	钢丝直径 mm	重量 kg·m⁻¹	钢丝绳极限抗拉强度/MPa			
			17	15.5	14	12.5
			钢丝破断拉力/kN			
10	0.66	0.365	59.2	54.3	48.9	42.7
12	0.80	0.526	85.3	78.2	70.4	61.5
14	0.99	0.715	115.7	105.9	95.8	83.8
16	1.06	0.934	151.5	138.9	124.5	108.8
18	1.20	1.183	191.2	175.5	157.8	138.3
20	1.33	1.460	236.3	216.7	195.2	170.6
22	1.46	1.767	286.3	262.8	236.3	206.1
24	1.60	2.107	34.04	304.0	281.4	246.1
26	1.73	2.467	400.1	366.7	330.5	288.3
28	1.86	2.826	463.8	425.6	383.4	334.4

（2）冲击钻进规程

冲击钻进的规程参数包括钻具重量、冲击高度（即冲程）、冲击次数和岩粉密度，这是影响冲击钻进的主要因素，分别加以说明。

①钻具的重量

冲击钻具的重量是指钻具静止时，其大小应根据钻进岩石性质而定，钻头重量、钻杆和绳卡等能施加于岩石的钻具总重采用钻头单位刃长（厘米）上钻具相对重力来表示。

在软岩中取 250~300N/cm;

在中硬岩中取 350~400N/cm;

在硬岩中取 500~600N/cm;

在坚硬岩中取 650~800N/cm;

根据岩石性质选择钻具的重量是一个原则，但同时也应考虑在冲击钻具上留有足够面积的泥浆"通槽"，以保证钻具能自由下降冲击孔底。同时，钻具过长，稳定性就差，消耗的冲击功率也大，导致冲击效果下降。所以在其他条件满足时，钻具长度应尽量减小。

②冲击高度

冲击高度是指钻具在冲击过程中，钻具被提离孔底的高度，一向冲击钻机可改变的冲击高度为 0.6~1.1m。对坚硬岩取小值，软岩取大值。

据试验表明，增加冲击高度较增加其他参数对提高钻进效率有效。但应考虑钻具本身强度的限制。

影响冲击高度的因素是钢丝绳的弹性伸长，所以采用留悬距的办法。悬距的控制是通过控制放绳量来实现的。放绳量要"少而勤"，以保证与井的延伸速度相吻合，而且每次放绳应是压轮到达最高位置的一瞬间。悬距值的大小，应根据岩石而定。钻进软岩时，每次冲击切入岩石的深度大，悬距可以少留甚至不留；钻进硬岩时，每次冲击切入岩石的深度小，应适当多留。悬距还与井深有关，井越深，钢丝绳弹性伸长量越大，应适当多留。一般中硬以上岩石约留 3~4cm 悬距。

③冲击次数

冲击次数是指钻具每分钟冲击孔底的次数。因为冲击钻进要保证钻具自由下落到井底，才能有效地破碎岩石，故要求钻机的冲击机构在一次循环中，要与钻具下落的时间相吻合。即冲击次数要与冲击高度相配合。配合好的冲击次数称为合理的冲击次数。当钻进中要增加冲击高度时，就应适当减少冲击次数，以避免造成钻具在孔内"打空"。适用于目前冲击钻机的冲击高度与冲击次数的配合参数，可参考表 2-8。

表 2-8　冲击高度与冲击次数关系表

钻具冲击高度/m	合理的冲击次数/（次·min⁻¹）
1.1	50
0.95	54
0.78	58
0.48	60

④岩粉密度

冲击钻进孔内应有一定密度的岩粉浆，起悬浮岩屑和保护井壁的作用。我们将单位体积的岩粉浆中所含岩粉的质量，称为岩粉密度，单位是 kg/L。

井内岩粉密度值大小将直接影响钻进效率。当岩粉密度过小时，钻具下降的速度大，在钻具行程终了时将受到运动缓慢的压轮的限制，冲击功不能充分发挥碎岩作用，钻进效率降低；当岩粉密度过大时，钻具下降的速度小，将形成钻具尚未到达孔底压轮已经回升，造成钻具不能有效地冲击孔底，甚至出现"打空"现象。同时，冲击钻进要利用岩粉浆悬浮被破碎的岩石颗粒，如果岩粉密度不适合，会在孔底形成一层岩粉垫，这将减弱钻头在孔底的冲击作用。这种岩粉垫严重时可使钻进效率为零。

实际操作中控制岩粉密度的办法，一是控制回次捞砂间隔，二是控制捞砂时的捞砂量，所以规程中有"勤掏少掏"的规定。经验证明，利用抽筒捞砂时，抽筒应在井底岩粉浆密度最高的"岩粉柱"范围内活动，抽筒提动距离有 20~50cm 即可，抽筒活动次数以 3~4 次为合适。

冲击钻进各技术参数的配合，主要根据地层条件，可参照表 2-9 选用。

表 2-9　冲击钻进规程参数表

规　程 ＼ 岩　性	软　岩	中　硬　岩	裂隙及破碎岩	坚　硬　岩
冲击高度/m	0.92	0.92	0.92	1.1
冲击次数/（次·min⁻¹）	58	53	53	48
悬距/cm	0~05	1~3	1.5~2.5	4~6
岩粉高度/m	3.3	2.5	2~1.5	1.8~1.1
岩粉密度/（kg·m⁻¹）	1.3~1.5	1.5~1.7	1.9~2.6	1.8~2.1
给进时间/min	3~4	6~9	12~25	15~25
清孔时间/min	2~3	3~4	4~5	4~5
回次进尺/m	1.2~1.0	0.6~0.7	0.65~0.5	0.6~0.5

（3）冲击钻进应用

冲击钻进方法虽然古老，但由于自身的特点，目前在大直径供水井、大口径的基桩孔的施工中仍有一定优势。因此，了解冲击钻进在某些岩层中的钻进方法是必要的。

①大卵石、大漂石等地层钻进

这类地层胶结性差，比较松散，且卵石硬而表面光滑，井壁不稳定，易发生坍塌、井斜和漏失。采用冲击钻进可取得较好的效果。

钻进这类地层应采用大冲击高度、低冲击次数，适当加大钻具重量。如果漏失不大，可采用泥浆护壁；如果漏失严重，可投入黏土球挤入井壁，并配合稠泥浆护壁。当遇到大漂石时，可采用"高拉猛冲"以砸碎漂石并挤入井壁的钻进方法。当井身发生孔斜时，可将脆的块石填入孔内倾斜段，重新采用小规程进行钻进，待钻孔纠正后，再继续正常钻进。另外，在操作上应加强钻具的回转，采用大刃角防止钻头磨损快，经常检查钻具，及时补修钻头，防止钻孔缩小而夹钻。

②黏土层钻进

这类地层黏性大，透水性差，孔内造浆性较大。钻进中易发生缩径、糊钻，但井壁稳定。故进尺、护壁不是问题，重要的是防止事故。一般可采用小冲击高度，较轻钻具重量，适当减少冲击次数、勤换浆、少放绳和较短的回次进尺，并注意向孔内补充一定量稀泥浆。当遇到塑性较大并具有弹性的地层时，可向孔内投入砖块或软碎石，以增加碎岩的"切削具"。当遇到黏土质砂层时，可用掏砂桶钻进，以提高钻进效率。

③砂层钻进

砂层钻进，主要是保护井壁，应采用优质泥浆护壁。较薄的流砂层，可投入黏土球以增加护壁能力，很厚的流砂层可选用跟管钻进。

④石灰岩地层钻进

石灰岩的裂隙较为发育，钻进中易发生掉块而卡、夹钻具。如处理不当，会将钢丝绳拉断造成事故。

钻进灰岩地层，钻头的间隙角要大，使钻头与孔壁的间隙在 30~50mm 范围。钻头的刃角要大，一般用带侧刃的十字形钻头。操作上应力求减小钻具的摆动，掌握好悬距。放绳要小而勤、冲击高度与冲击次数要配合适当。当地层特别破碎时，可投入黏土球，并挤压入裂隙，以增加井壁的稳定性。钻头要采用硬材料补焊，并准备 2~3 个钻头轮换使用。可采用优质泥浆悬浮岩屑, 勤掏少掏。在有溶洞的地方应注意操作以防井斜。

3.反循环

反循环钻进是与正循环钻进相对而言的。反循环钻进的冲洗液自供水池经钻杆与孔壁间隙外管之间到达井底, 挟带岩屑后经钻杆中空返回井上供水池, 经沉淀后重新流入井内。其基本原理如图2-17所示。

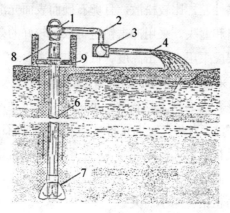

图 2-17　反循环钻进基本原理示意图

1-水龙头；2-出水胶管；3-泵或喷嘴；4-排渣；

5-岩屑与砂；6-钻杆；7-钻头；8-主动钻杆；9-转盘

反循环钻进按照产生冲洗液上升流动的方式可分为泵吸反循环、射流反循环和气举反循环:

1) 泵吸反循环

泵吸反循环是利用泵的抽吸力量, 对冲洗液进行反循环的管路布置方法。泵的进水口月沽杆上水龙头相连, 排水口与供水池相通。即由钻头、钻杆、水龙头、胶管及砂石泵组或了抽吸系统; 由砂石泵、出水胶管、供水池等组成了排渣系统。如图2-18所示。砂石泵在启动前必须进行引水。这是因为在泵吸反循环钻进以前, 处于供水池水位以二不钻杆内没有冲洗液, 所以在管路中安装有真空泵。它是利用真空泵的吸力在水位以上班管路内产生负压, 使钻杆内水位升高, 最后使冲洗液充满整个砂石泵的吸水管路。这时再启动砂石泵, 即能造成连续的反循环作用。除了利用真空泵引水外, 也可采用灌注泵或越泵向砂石泵的进水管路中引水。

砂石泵的流量根据井内钻杆内径而定, 一般为 $120\sim240\mathrm{m}^3/\mathrm{h}$, 最大达 $500\mathrm{m}^3/\mathrm{h}$, 其育欢吸水压力约 $0.6\sim0.7\mathrm{kg/cm}^3$。

由于泵吸反循环钻进是利用砂石泵的抽吸作用作为动力, 用以克服冲

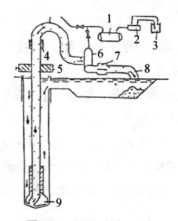

图 2-18　泵吸反循环示意图

1-真空包；2-真空泵；3-冷却水容器；4-水龙头；

5-转盘；6-砂石泵；7-单向阀；8-排出口；9-钻头

洗液上升时的阻万．保持洗液循环的，因此钻进深度不可超过 70m。主要适用于大直径、深度较浅的水井及各种工程钻探。

2）气举反循环

基本原理是利用压气机将压缩空气通过双壁钻杆送至井下的气液混合室，使钻杆内的水一气混合，形成比重小于管外液体的气水混合液，这样在钻杆内外形成压力差。在此压力差的作用下，钻杆内气水混合液挟带岩屑后，被排出钻孔而流入沉淀池后又以自流的方式流向孔内环状间隙，完成了气举反循环过程。如图 2-19 所示。

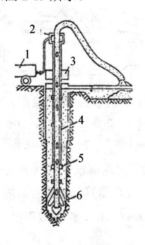

图 2-19　气举反循环钻进示意图

1-压风机；2-压气盒；3-转盘；4-双壁钻杆；

5-混合室；6-钻头气举反循环又称压气反循环

气举反循环钻进的供气系统包括：

（1）主动钻杆一般是在厚壁管外纵焊四条角钢，构成方钻杆。压气经角钢与厚壁管间隙送入孔内混合器。

（2）压气盒作用是将压气机输气管路与主动钻杆的气道连通，保证向孔内混合器送气。我国多采用气龙头。

（3）钻杆上部采用双壁钻杆，下部采用单壁钻杆。压缩空气自上部气龙头经主动钻杆、上部双壁钻杆之间间隙送入混合器内，再由混合器进入钻杆内中空，并形成挟带岩屑的气水混合液上升至地层：双壁钻杆结构如图 2-20 所示。

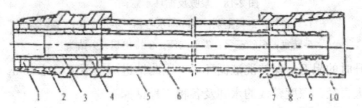

图 2-20　双壁钻杆结构图

1-支承块；2-公接头；3-内管外接头；4-承支块；5-外管；

6-内管；7-母接头；8-支承块；9-内接头；10-密封圈

（4）混合器混合器是将空气输入内管，使压缩空气很快与水混合。而停止供气时，能自动密封，防止岩屑堵塞混合器。其结构如图 2-21 所示。

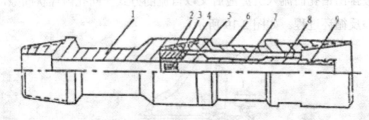

图 2-21　气举反循环钻进混合器结构图

1-下接头；2-弹簧；3-气孔；4-钢球；

5-支承块；6-上接头；7-内管；8-支承块；9-密封圈

混合器安装在孔内的深度用沉没比（或沉没系数）确定。它等于混合器下入水中的深度 H 与自混合器算起的扬程高度 h 这比，用 m 表示。

一般要求 m>0.3。当 m<0.3 时，排液效率很低，甚至液体排不出孔口。

3）反循环钻进工艺

（1）反循环钻进方法的选用

泵吸反循环设备简单，动力的利用效率高，所以在孔深小于 70m 时，可采用泵吸反吓钻进；当孔深超过 70m 后，可采用气举反循环钻进。

（2）反循环钻进用钻头

反循环钻进采用的钻头应根据地层选用硬质合金钻头、翼状钻头、牙轮钻头、取心钻头。一般要求钻头中心有较大的通孔，以便岩心、岩块、岩屑从钻杆内排至地面。同时要钻头在回转过程中使井底形成一个中心凹下的圆锥体，便于抽吸孔底岩屑。

①翼状钻头适用于黏土或粉砂类岩石中钻进，如图 2-22（a）所示。

②牙轮组合钻头可根据地层的软硬程度，确定牙轮的齿形、数量和组装形式。如图 2-22（b）为由四个单牙轮掌组装在一个钻头体上，适用于砂、砾卵石层钻进。

③取心钻头是将滚轮焊接在大直径的岩心管上制成的适用于基岩钻进的反循环钻进，如图 2-22（c）所示。

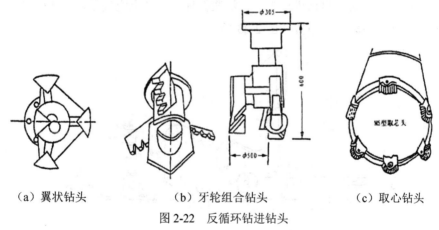

（a）翼状钻头　　　　（b）牙轮组合钻头　　　　（c）取心钻头

图 2-22　反循环钻进钻头

（3）反循环钻进技术参数

①钻压　反循环钻进采用钻铤和配重加压，在钻铤上部要加扶正器。在第四纪松散层进时，若采用组合牙轮头，可按钻头直径单位长度上的压力 0.6~1.2kN/cm 选取；采用翼状钻头时，压力控制在 3~6MPa 为宜。钻进基岩的卵砾石层时，钻压可适当加大。

②转速　钻头外径线速度控制在 0.5m/s 以内为好，过大的转速会引起钻杆对井壁的碰撞。

③多气举反循环钻进时，风量的选择除考虑钻杆内液流上返速度外，还要求双壁钻杆间速不大于 20~30m/s。风压的大小则取决于双壁钻杆下入深度。经验证明双壁钻杆每 10m，压力增加 0.1MPa。

4.空气（泡沫）钻进

空气钻进是以压缩空气作为循环介质来吹洗钻孔、冷却钻头、将岩屑从孔底带起并排出孔外的钻进方法。空气钻进可以采用正循环钻进，也可以采用反循环钻进。对干旱缺水地区、永冻层、钻孔多层漏失而供水困难的地区采用空气钻进可以提高钻进效率，降低成本，缩短施工周期。

空气钻进根据向压缩空气中加注的物质，可分为干空气钻进、泡沫钻进、泡沫泥浆钻进等。

1）干空气钻进

干空气钻进又称粉尘钻进，循环介质是利用纯空气、天然气或柴油机废气进行钻进。适用于地层完全干涸、无水或孔内只有少量水、并能被气流吸收的地层及严重漏失层。

（1）干空气钻进循环系统设备

可利用普通转盘钻机改制，将泥浆循环系统换上空气循环设备即可。其空气钻进现场设备布置如图2-23所示。

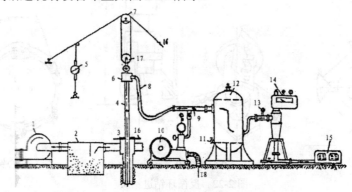

图2-23　空气钻进设备布置图

1-吹风机；2-沉淀槽；3-胶皮井口板；4-主动钻杆；5-拉力表；6-水（气）龙头；7-天车；8-高压胶管；9-单向阀；10-水泵；11-排污阀；12-储气罐；13-风压表；14-流量计；15-空压机；16-至钻机绞车；17-滑车；18-吸入清水泡沫剂

①空气压缩机　要求空压机最大风压为1.96~2.15MPa；风量以5~35m³/min为宜。

②捕尘设施　使用普遍的有旋风捕尘器和干湿结合捕尘器。

旋风捕尘器是利用离心力的作用，可分离大于5μm以上粒度粉尘，如图2-24所示。干湿结合捕尘可用于收捕高黏度的粉尘。其结构如图2-25所示。

③孔口密封装置　为防止粉尘自钻孔的孔口涌出，孔口要安装密封装置。图2-26为常用导流密封装置，它能与主动钻杆一起旋转，导出的气流经喷出的液体进行捕尘。

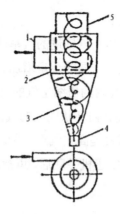

图 2-24 旋风捕尘器

1-入口管；2-筒体；3-锥体；4-排粉管；5-排气管

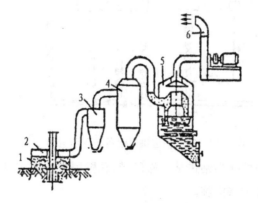

图 2-25 干湿结合捕尘器

1-箱；2-捕尘器；3-旋风器；4-旋风组；

5-水沉降器；6-高排风机增压机

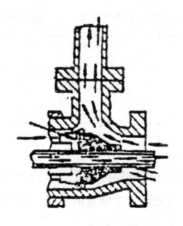

图 2-26 导流密封装置

（2）干空气钻进技术措施

①干空气钻进的风量和风压空气钻进的气举能力与空气密度成正比。随钻孔深度的增加，空气密度和岩屑的重量增加。为保证孔内环状间隙的气体上反速度，必须增加送入孔内的压缩空气的气量和气压。一般情况下，当钻进速度小于 15m/h 时，钻孔内环状间隙的气流上返速度为 15m/s；当钻进速度大于 15m/h 时，则需要提高空气送入量。为了保证送入孔内有足够的气量，可以用两台或多台空压机并联后，再把增压机串联的布置方式，如图 2-27 所示。

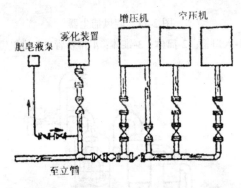

图 2-27　空气钻进供气设备布置示意图

②空气钻进的护孔当钻进基岩破碎带、孔壁坍塌掉块难以继续钻进时，可采用快干水泥等护壁措施。

③钻头于空气钻进要求钻头上的通风槽较大。如使用合金钻头时，内外出刃至少要在 3mm 左右，通风槽较液体循环钻头的水槽大 2~4 倍。

④钻进参数对中深井大口径空气钻井规程参数可参照表 2-10。

表 2-10　中深井大口径空气钻井规程参数

地层及岩石情况	空气量 $m^3 \cdot min^{-1}$	空气压力 MPa	钻头压力		转速 $r \cdot min^{-1}$
			全面钻头 MPa	岩心钻头 MPa	
转至中硬地层	10~30	0.68~1.37	11.57~38.64	0.78~1.99	80~160
中硬以上地层	7~20	0.58~0.98	38.64~58.44	1.96~3.92	30~80

2）泡沫钻进

干空气钻进粉尘大，遇潮湿或渗水较多的地层时易在粗径钻具上端形成"泥环"造成中断气流而无法钻进的结果。为发挥空气钻进的特点，克服存在的问题，使用了泡沫钻进技术。

泡沫钻进是通过压注泵将由水、发泡剂、稳泡剂所配制的泡沫液注入压缩空气的气流中，送至孔底进行钻进的方法。这种泡沫具有一定的膜强度，可使空气、水、岩粉成为一种稳定的流体，较之纯空气有较大的悬浮、携带和捕尘的能力。

（1）泡沫液的配制

泡沫液由水、发泡剂和稳泡剂组成。将发泡剂、稳泡剂以一定的比例加入水中，经搅拌后，即配成泡沫液。

发泡剂常用十二烷基苯磺酸钠（ABC）、ADF-1 型、DF-1 型等。

稳泡剂一般采用羧甲基纤维素（CMC）。

（2）液气比的确定

泡沫钻进的液气比是指送入孔内的泡沫液与气体体积之比。应根据钻进时送入孔内的风量和钻头类型确定。

当采用合金钻头钻进时，将液气比定为 1:200 较为合适；而采用金刚石钻头钻进时，采用 1:200~1:300 的液气化，可取得冷却钻头的效果。当液气比达到 1:2000 时，就达到了雾化钻进的范畴了。

（3）钻进规程参数

泡沫钻进规程参数包括钻压、转速、泡沫液灌注量、空气量、风压和液气比。

①钻压和转速泡沫钻进钻压、转速的确定与钻头类型、泡沫液灌注量、液气比及地层情况有关。如上述因素所取数值合适，则采用高的钻压转速可提高钻进效率。一般钻压可控制在 1.4kN/cm 钻头直径、转速 0.7~1.2m/s。

②泡沫液灌注量、空气量液气比在 1:150~1:300 范围内即可满足排除孔内岩屑和冷却钻头的要求。

③风压泡沫钻进所需风压与钻进深度、钻孔直径、钻具类型与规格、孔内水柱高度、泡沫上返时间有关。

3）泡沫泥浆钻进

泡沫泥浆是向低固相泥浆中加入泡沫经充气配制而成。在空气钻进中遇有坍塌漏失或井壁不稳定时，用以保护井壁和防止漏失。

在空气钻进中，当向立管中注入泡沫剂的同时，注入一定量的优质低固相泥浆，泥浆与泡沫在下行过程中形成泡沫泥浆。它兼有泡沫和泥浆的特性，即比重轻、悬浮能力强、在井壁上能形成薄而韧的泥皮，从而达到稳定井壁和堵漏的作用。

泡沫泥浆中的黏土，可看成是稳泡剂，故应选用优质黏土。泡沫泥浆中的处理剂，常用 CMC、HPAM、HPAN。泡沫剂可用 DF-1 型高效发泡剂。

5.潜孔锤钻进

用于水文水井的潜孔锤钻进按驱动孔底冲击器的循环介质不同，可分为液动潜孔锤钻进（通常称为液动冲击器）和气动潜孔锤钻进（通常简称为潜孔锤）。液动潜孔锤已有 SC-150 型系列产品，主要用于 ϕ 150~260mm 的基岩水文水井钻探。气动潜孔锤是以压缩空气作为循环介质又同时作为驱动孔底冲击器动力的钻进方法，称为潜孔锤钻进。它是一种高效率的优良钻进方法。在硬岩钻进中比回转钻进的效率高几倍至几十倍，因此在水文水井及其他钻探行业中发展很快。

潜孔锤钻进需配备较大风量和风压的空压机、气动冲击器（即潜孔锤）、潜孔锤钻头等。

1）潜孔锤类型及其结构

潜孔锤是放入井下的冲击器，要求结构简单、组成的构件少。目前使用的潜孔锤基本上都是由配气装置、活塞、气缸、外套及一些附件组成，并按配气装置不同，分为有阀式或无阀式两大类。

（1）有阀式潜孔锤

有阀式潜孔锤的活塞上下运动所需气体是由配气机构的阀片控制的。适合于水文水井钻探的以 J-200 型潜孔锤为典型。

图 2-28 为 J-200 型潜孔锤结构图。它由接头、气缸、配气机构、配气杆、活塞、衬套等组成。

其作用原理是：当钻头未接触井底前，钻头吊挂在最下端，活塞也随钻头下行至下死点。此时 D 进气口被打开。开始送气后，压气推开逆止阀，进入配气室 A，经气道至进气口 D 经后气室 E、活塞中心孔、钻头中心孔排出，整个钻具处于吹洗孔底状态。

在钻具下到井底后，钻头接触孔底，钻头尾部则沿卡钎套花键上行到图 2-28 示位置。进气口 D 被堵，而进气口 F 被打开，压气进入活塞下方，推动活塞上行。导致作用在阀片下面的压力大于阀上面的压力，阀片被推到上方堵住了供气道，实现换向。活塞从上止点开始下行并完成冲击动作，同时阀片上下压力又发生变化，阀片回位。如此反复进行，实现连续的冲击动作。

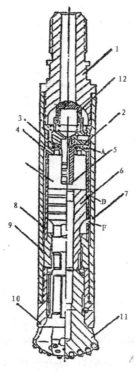

图 2-28   J-200 型潜孔锤

A-配气室；D、F-进气口；E-后气室；1-接头；2-阀盖；3-阀片；4-阀座；
5-配气杆；6-活塞；7-外缸；8-内缸；9-衬套；10-卡钎套；11-钻头；12-逆止阀

（2）无阀式潜孔锤

无阀式潜孔锤没有配气机构，活塞的往复运动是利用布置在活塞和气缸壁上的配气系统自动控制的。由于减少了配气装置，因而不存在因阀片磨损而失效的现象。图 2-29 是我国定型产口 W220 型潜孔锤结构图。其作用原理是：当压缩空气进入潜孔锤后，逆止阀被打开，部分气体经喷嘴、活塞、钻头中心通道流入孔底清洗岩粉；另一部分主气流则沿内缸与外缸间的环状间隙，经活塞的中间环腔进入下气室推动活塞上行。当活塞上行至下段活塞封闭内缸下口 a 后，停止向下气室进气，活塞靠下气室压缩气体的膨胀继续上行。当活塞的 b 点超过内缸的。点以后，即活塞的中间环腔与内缸上室连通压缩空气就进入活塞上气室，驱动活塞加速下行，以很大的冲击能量打在钻头的尾部。此时压缩空气又进入活塞下部，重复以上动作，实现连续的冲击作用。

无阀潜孔锤依靠内缸上的气孔和活塞上的环腔实现自动配气，零件少，结构简单，消耗的动力也少，因而节省了压缩空气的消耗量。

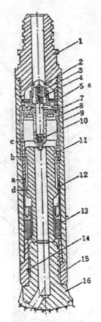

图 2-29　W220 型潜孔锤

1-上接头；2-密封圈；3-弹簧；4-逆止塞；5-垫圈；6-密封垫；7-进气座；8-内缸；
9-外缸；10-喷嘴；11-活塞；12-隔套；13-导向套；14-圆键；15-下接头；16-钻头

2）潜孔锤钻头

　　潜孔锤钻头的种类很多，但从碎岩的硬质合金的形状可分为两种，一是刀片刃钻头，另一种是柱齿钻头。如图 2-30 所示。前者用于一般软地层，后者用于硬地层。潜孔锤钻头比常规回转钻进钻头在井下受力情况复杂，所以结构也比较复杂。一般刀片刃钻头的刀片刃排列呈十字形、X 形或采用超前刃等形式。柱齿钻头的合金几乎都采用过盈冷压固齿方法。潜孔锤钻头直径，我国目前常用 220mm。国外大口径超级潜孔锤直径可达 762mm，而集束式大口径潜孔锤可钻出 1016mm 直径的钻孔。

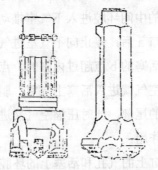

（a）刀片刃钻头　（b）柱齿钻头

图 2-30　潜孔锤钻头

3）潜孔锤钻进规程参数

（1）风压

潜孔锤的冲击频率和冲击功都与风压有关。当风压从 0.6MPa 提高到 1.03MPa 时，钻进效率可增加一倍。

目前，国产潜孔锤按其所需风压的不同有两种。低压潜孔锤所需的风压为 0.5~0.7MPa，高压潜孔锤所需风压是 1.2~2.2MPa。

在使用潜孔锤钻进时，除去潜孔锤正常工作所需的风压外，还要加上随钻孔深度的增加和克服水位以下的水柱压力所增加的压力。生产中常采用串联增压器的办法，使风压增大。

（2）风量

潜孔锤钻进速度快，单位时间内所产生的岩屑颗粒大且量重，需要较大的风量才能使孔底干净。对于潜孔锤本身也有一定的额定风量才能正常工作。如 W-200 型潜孔锤的额定风量为 $10\sim20\text{m}^3/\text{min}$。

从试钻情况看，当井内上返风速大于 15m/s 时，潜孔锤才能发挥良好的效果。因此，要求风量要保证井内上返风速大于 15m/s。

国内生产单位大多拥有 $9\text{m}^3/\text{min}$ 的空压机，使用该机钻进水井钻孔时，风量显得不足。常将两台或多台空压机并联使用，可解决风量不足问题。

（3）冲击频率

当风量和风压均达到潜孔锤所要求的额定值后，一般潜孔锤的冲击频率为 600~1000 次/min。

（4）钻压

潜孔锤钻进，必须保持钻头始终不离开孔底，因此必须施加一定的孔底压力。但如钻头压力过大，不仅不会增加钻进速度，反而会加速钻头的磨损。如使用直径为 $\phi100\sim300\text{mm}$ 的潜孔锤，钻压在 10~18kN 时，钻进效率最佳。

（5）转数

由于潜孔锤碎岩呈块状，故转速不要求太高。一般规律是，球齿钻头的磨损与转数成正比，岩石愈硬，研磨性愈高，转数应低些。

转数大小与潜孔锤的最优转角和冲击频率有关，三者关系为：

$$A = 360\,n\,/\,f$$

式中：

A—最优转角；

N—钻具转数；

F—冲击频率（次/min）。

如最优转角取 11°，冲击频率为 600 次/min,则可求得钻具转数为 18r/min。转数也可由钻头每回转一周，进尺 10mm 的经验关系求得。即

$$钻具转数/钻进速度=1.6$$

例如，小时效率为 12.2m/h 时，钻具转数 n=12.2m/h×1.6=19.5≈20r/min。

4）潜孔锤跟管钻进方法

潜孔锤钻进用于基岩水井钻探，取得了非常好的效果。但对极其松散的流砂层、卵砂漂石层、回填土层及第四系覆盖层，则无法采用常规潜孔锤钻进方法。因而出现了潜孔锤跟管钻进法。

（1）潜孔锤同步跟管钻具作用原理

这种钻具的钻头能在套管底部钻出大于套管外径的钻孔，使套管能顺利地跟进；在提钻时又能使扩孔钻头方便地缩回，使整个钻具能从套管中提出。图 2-31 为跟管钻进钻具组合图。

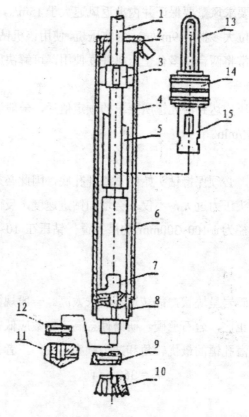

图 2-31　跟管钻具组合图

它由潜孔锤、导正器、偏心扩孔钻头、中心钻头、偏心护套、砂土层用锥形钻头和套管鞋等组成。并根据需要可附加扶正器、取粉管、排粉罩，或者使用双壁钻杆加有封隔器的正反接头用于中心取样钻进。

钻进软硬夹层的地层时，钻具组合为：

①外层－排粉罩－套管－套管鞋。

②内层－钻杆及扶正器－潜孔锤－导正器－偏心扩孔钻头－中心钻头。为防止风量不足吹不出较大粒径的岩屑而造成卡钻，在潜孔锤上方装有取粉管。

用双壁钻杆进行中心取样钻进时，加上带有封融器的正反接头，取消排粉罩和取粉管。钻进时，空气或泡沫从钻杆进入潜孔锤使冲击器工作，冲击器活塞冲击导正器，导正器偏心轴上套着偏心扩孔钻头，前端用丝扣联接着中心钻头。当钻具正向回转，偏心扩孔钻头由于惯性力和井壁摩擦力张开，并在开启到最大位置后被导正器上的挡块限位。冲击力由导正器传给中心钻头和偏心扩孔钻头对孔底岩石进行破碎。偏心扩孔钻头扩出大于套管外径的通道使套管能不受孔底岩石的阻碍而通过。当套管外壁的摩擦阻力过大，套管停止跟进时，由于内层钻具继续向前破碎岩石，直到导正器上的台肩与套管鞋上的台肩接触，此时导正器将潜孔锤传来的冲击力部分施加给套管鞋，再加上钻压，迫使套管鞋带动整个套管柱与钻具同步跟进，保护已钻孔段的井壁。

导正器表面开有提钻吹岩屑的风孔，与潜孔锤外壳底部接触的地方也开有风孔，以利吹孔时能使大量的空气从套管内部上返，并对夹在该部位的黏土清除。偏心轴上开的风孔可对偏心扩孔钻头进行冷却并防止岩屑卡住扩孔钻头。大部分压缩空气中由中心孔通过中心钻头的风道直接冲洗孔底已破碎的岩屑。岩屑通过开在导正器表面的风槽进入套管并被上返的高速气流或泡沫带出孔外。

钻具工作时，导正器表面和台肩上的通孔分别被套管鞋内表面及潜孔锤底部封闭，大量的空气进入钻头工作区，对钻头进行冷却和清洗孔底；提钻吹孔时，台肩上的通孔开启，由于孔底空气阻力大，大部分空气将从台肩上的通孔向上吹除套管内的岩屑。钻具再往上提，导正器表面的气孔也开启，气流对套管内的岩屑进行强力吹除。并经排粉罩排出套管或经正反接头进入双壁钻杆中心管排出钻孔。

钻进结束需提钻时，应稍稍反转钻具，使扩孔钻头又依靠与孔底的摩擦阻力而收回。于是整个钻具外径小于套管内径，即可将钻具提出钻孔或进行配接钻杆和套管的工作。

钻进黏土层和砂土层时，可不用偏心扩孔钻头，并将中心钻头换成锥形钻头钻进，利用土层在高频振动下的"液化"现象来切削地层实现跟管。

（2）潜孔锤跟管钻进工艺

①采用潜孔锤跟管钻进时，最好使用动力钻机，以便一次跟进较长的套管。

②为保证打直孔，第一根套管的安放不得偏斜，将套管的垂直度控制在 2‰以内。套管应采用左螺纹联接或焊接，以防套管脱落。

③最好使用泡沫钻进，利用它的润滑性能，使套管顺利地跟进。

④钻进时转速以 18~25r/min 为宜，不可开高转速；钻压应根据地层而定。使钻进速度保持平稳为好。

6.成井工艺

成井工艺的目的是：疏通含水层水道，使含水层中水自由流入水井；封闭或隔离非含水层，以防地下含各水层相互串通或污染。

1）破壁、换浆与探孔

为使下井管、填砾和洗井工作顺利进行，确保水井的出水量，必须作好换浆、破壁和探孔工作。

（1）破壁

当使用泥浆钻进时，在井壁上形成较厚泥皮，影响水井出水量。所以在更换孔内泥浆的同时，必须刮削井壁上泥皮，以扩大含水层部位的钻孔直径，增大填砾厚度，利于洗井及增加含水层的出水量。

破壁的方法是：

①采用扩孔钻头刮洗井壁。此法适用于浅孔。

②采用偏心钻头或破壁器刮洗井壁。

（2）换浆

换浆是指钻进至预计孔深后，用优质轻泥浆更换出孔内浓泥浆。当从孔内返回的泥浆性能接近送入孔内泥浆性能时，换浆即可结束。

换浆可分为：

①安放井管前冲洗钻孔换浆当井壁较稳定时，可在钻至预计井深后，

向孔内送入黏度低、胶体率高的优质轻泥浆，进行冲孔换浆。此工作应在破壁后期进行。即当扩孔破壁至预计井深前 10~30m 时，逐渐更换新泥浆进行扩孔，直至终孔再进行冲孔换浆。

②安放井管后冲洗钻孔换浆当井管下到预计井深后，用泥浆泵通过钻杆和返浆活塞将清水送至滤水管底部，从井管外壁返回地面。返浆时间一般控制在孔口返出的泥浆黏度达 16~175 即可。

（3）探孔

探孔是为了检查钻孔直径和井壁是否规整圆滑，探孔采用探孔器进行，它是由钻杆和导正圈组成，导正圈的直径比钻孔直径小 20~30mm，两圈间距离为 2m，整个探孔器长度不小于 8m。如连接探孔器的钻杆能顺利下至孔底，说明钻孔圆直，井壁平滑，否则应进行修孔。

2）井管的安装

安装井管是成井工艺的关键工序，直接影响成井质量，必须认真做好。

（1）井管安装前的准备

准备工作包括组织分工、校正孔深、检查丈量的排列井管、检查起重设备及工具、清理现场等工作。

（2）井管连接方法

井管的连接应根据井管的材质、井深选用相应的连接方法。总的要求是：

①井管连接处要牢固可靠，密封性好，无渗漏现象。

②连接后要同心，不能有明显偏斜或弯曲。

（3）操作要方便

附属设备要少，便于野外作业。

目前常用的连接方法有：

①丝扣连接主要用于金属管。丝扣连接又可分为接箍连接和公母扣连接。

②焊接连接又分为电焊连接，主要用于大口径钢质管；塑料焊接，主要用于塑料管连接。

③螺钉连接多用于大口径浅井。

④黏接主要用于塑料管和玻璃钢管。

⑤承插连接主要用于浅井，下入喇叭口铸铁管和硬质聚氯乙烯塑料管。

⑥扣合连接主要用于塑料管。

⑦钢箍连接主要用于石棉水泥管。

⑧对口连接主要用于平口水泥管。

 实操展示

安装井管的方法

井管的安装方法很多，概括起来有五种。各种安装方法适用范围，见表2-11。

当井管柱总量不超过升降机、钻塔等设备起重能力和井管本身抗拉强度的情况时，可采用提吊下管法。

下管方法与下套管同。要求下管过程中要稳拉、慢放，严禁急刹车。当下管遇阻时，不得猛蹾。

采用包网滤水管时，应保持井管内外液柱压力平衡，以防压破滤网造成大量进砂。

表2-11　井管安装方法

井管安装方法		安放深度 m	适 用 管 材	优　缺　点
卷扬机提吊下管法		200	钢管、铸铁管、塑料管	安全可靠，但下管深度受设备能力限制
钻杆托盘法		<200	各种管材	安全可靠，下管深度受设备能力，钻杆和管材强度影响
二次下管法		300	各种管材	可用钻杆托盘法二次下管，提吊设备受力减小，但两级管接头处易错动
钢绳托盘法		<300	各种管材	对提吊设备要求不高，但井深时抽钢绳困难
综合下管法	提吊浮板法	<300	金属管材	利用浮力减少管壁的拉应力，减轻提吊设备负荷。可用于300~600m井深，采用其它单独方法有困难时
	提吊浮塞法			
	钢绳浮板中兜法			
	钢绳浮板下兜法			

3）填砾及管外回填

井管安装完毕后应立即进行填砾工作，以免影响成井质量，造成井内涌砂。

填砾即是在滤水管与含水层井壁之间，填入一定规格的砾料，造成一个人工过滤层，以增大滤水管周围的孔隙率，达到增加水井出水量、防止砂粒进入滤水管内、延长水井使用年限的目的。

应根据含水层结构、水质来确定砾料的直径、均匀度和质量。

砾料颗粒的大小决定填砾层的滤水性能，稿鹅直经水，渗还维妊，但贩砂效果差、反之阻砂效果好，但渗透性差，影响水井出水量。

砾料直径应通过对含水层砂粒进行筛分的资料确定。通常取砾料直径为含水层中占砂粒总重量50%的颗粒粒径的5~8倍，以6为最佳。可参照表2-12。

表 2-12 含水层筛分颗粒与砾料直径

含水层分类	颗 粒 组 分		砾 粒 规 格	
	颗粒 mm	%	直径 mm	填砾厚度 mm
卵砾石	>3	85~90	不填砾或4~6	
粗 砂	>0.75	70~80	4~6	75~100
中 砂	>0.4 >0.25	60~70	3~4 2~2.5	75~100
细 砂	>0.2 >0.15	50~60	1.5~2 1~1.5	100~150
粉 砂	>0.1	50~60	0.75~1	100~200

4）止水

在水文地质钻孔和水井中，对目的层以外的地层进行封闭和隔离工作，称为止水。它是根据孔内试验的要求和地层情况，选择合适的止水材料来封闭井管与隔水层之间的间隙。

止水方法很多，按其对止水工作的要求，止水可分临时止水和永久性止水。

（1）临时止水

在水文地质钻孔中，如要求取得分层水文地质资料时，则对试验层以外的地层要进行临时封隔。待孔内试验结束后，即可清除止水物并起拔套管。

临时止水按止水材料不同，可分为海带止水、桐油石灰止水、橡胶制品止水、黏土止水等。

①海带止水

海带止水多用于含水层与较稳定的隔水层处的临时止水。应选择肉厚、叶宽、体长的优质海带，先编成辫子，再缠在止水套管的外壁上，形似枣核，长 0.5m 左右，最大直径应小于钻孔直径。海带外部再包一层塑料膜或纱布涂上废黄油后下入井内止水外。海带遇水后即膨胀，由于井壁的限制而受到压缩，达到止水目的。孔内试验结束后，即可起拔套管，海带被破坏，因此减少了起拔套管的阻力。

②桐油石灰止水

桐油石灰止水，是以桐油和石灰为基本原料，按一定重量比（称为油灰比）混合后，在礁臼中冲捣而成。止水时将这种混合物作成小球投入或用岩心管送入孔内，也可涂于带有托盘的套管上，放入孔内进行止水。

③橡胶制品止水

橡胶富有弹性和不透水性，将橡胶制成一定几何形状，如球形、胶圈、胶囊等，固定于止水管外部。使用时采用机械压缩、充水或充气等方法使之膨胀，以阻塞止水管与井壁间间隙。

橡胶止水一般适用于较完整的基岩孔或探采结合孔及松散地层中止水。图 2-32 为临时止水用的水压胶囊。止水时，将钻杆放入止水器内压紧后，自钻杆内向胶囊充水，使胶囊胀大封闭井管与井壁间隙。起拔套管时，将钻杆提出，换上放水叉子下入套管内，使叉子通过喉管接头。旋转放水叉子使其切断放水短管上的锡焊销子，水即可从皮囊中流出，便可起拔套管。

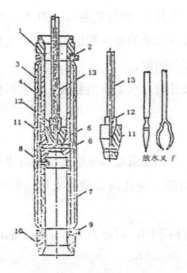

图 2-32　水压胶囊止水器

1、10-上下变丝接头；3-胶囊；2、9-上下卡环；4、7-上下短管；5-喉管接头；
6-胶皮阀；8-放水短管；11-送水接头；12-锁接头；13-钻杆；14-放水叉子

④黏土止水

黏土具有一定的黏结力和抗剪强度，压实后具不透水性。主要用于松散地层和基岩地层的临时性和永久性止水。

黏土止水一般是将黏土做成黏土球，经阴干后投入或送入孔内，黏土球表面可涂上 CMC 溶液。然后下入带木塞的套管将黏土球挤入井管与井壁之间。当钻孔很深时，也可在井管外灌入稠泥浆，以封隔井管与井壁间隙。黏土球投入厚度一般为 3~5m。

（2）永久止水

永久止水用于供水井中，主要是封隔有害含水层，防止水质污染。根据地层情况，可选用黏土止水、水泥止水。

水泥品种很多，应根据地下水水质和地层情况，选用适合的水泥品种和水泥外渗剂。利用水泥止水，可以配成水泥净浆、水泥砂浆、胶质水泥等。

①水泥净浆指使用一定比例的水泥和水配成的水泥浆，可按需要加入一定外渗剂。水灰比可按灌注方法不同，取 0.4~0.55 即可。

②水泥砂浆为节约水泥，可在水泥浆内加入一定量细砂。所用砂粒直径应小于 1mm，其中 0.5mm 以下的应占砂量的 50%以上，配制的重量比可为：

用泵灌注时：水：水泥：细砂＝（0.5~0.55）：1：0.7

用灌注器时：水：水泥：细砂＝0.7：2：1

③胶质水泥浆在水中加入一定量的黏土粉或少量石灰配制的水泥浆。配制的比例是：水泥（%）：黏土粉（%）：石灰（%）＝（92~96）：（4~8）：0 或 72:22:6。

利用水泥止水前，应对含水层进行临时架桥封隔处理，以防止水泥浆进入含水层中堵塞水道。其止水方法有：

a. 泵入法——利用水泵压力，将水泥浆通过钻杆注压到井管与井壁之间。

b. 灌注器送入法。

c. 孔内混合法——利用塑料袋装入水泥干浆（小水灰比），钻具将水泥浆挤入井管与井壁之间。

（3）止水质量检查方法

止水工作完成后，要进行质量检查

①本位差法

送至孔底后，再下入粗径以保证水文地质资料的准确。检查方法有：可采用抽、注水方法，测量止水管内外的水位变化情况，来判断止水效果。

②泵压法

进行抽水试验前，先用钻具扫通止水管底端，在止水管与含水层不连通情况下，向止水管内注水。如管内无漏失或漏失量小于规定值时，可认为止水合格。

③电阻法

向相邻的水井或钻孔中，注入一定量食盐，用电测法测定含水层电阻率的变化。

5）洗井

在钻进过程中，无论是使用泥浆或清水作冲洗液，混入冲洗液中的岩屑、黏土、污泥、细砂等细粒物质将会随冲洗液一道，在水压力的作用下渗入地层，吸附在井壁上，堵塞含水层中的孔隙和井壁的某些部位。因此，在填砾，止水工作完成后，即应采取一定的方法清除井壁上的泥皮，并把深入到含水层中的泥浆等物抽吸出来，恢复含水层的孔隙。进而抽吸出含水层的一部分细粒颗粒，扩大含水层的孔隙，疏通地下水通道，借以增大滤水管周围的渗透性能，达到应有出水量的目的，为此而进行的工作，叫做洗井。

（1）洗井的要求

①洗井时要经常观察井口排水的水质变化。如水中仍有些浑浊，但不是泥浆、岩屑或钻粉等物，而是含水层中固有的成分，即可认为洗井已达目的。

②洗井时应定时（一般半小时）观测水井出水量，连续二至三次出水量无明显变化时，可认为洗井已达目的。

③正式抽水时，经二或三次降深，单位涌水量无异常变化，可认为洗井合乎要求。

④对比附近抽水孔资料，如基本近似，可认为洗井合乎要求，但只能作为参考。

⑤洗井时间应根据含水层结构及富水性，钻进中使用冲洗液类型、滤水管结构，钻进时间长短及洗井方法综合考虑，不作硬性规定。如含水层颗粒粗、孔隙率大，或钻进中使用泥浆性能差、比重大、固相含量高，则洗井时间相应安长些。反之在细颗粒地层中，孔隙率小，砾料规格小时，洗井时间应短。切不可强力洗井，以免滤水管周围的细颗粒紧紧贴在滤水管的滤网上，使水井的出水量反而减小。

（2）洗井方法

洗井方法很多，可根据含水层结构、地下水压力、井身结构、井管类型等综合考虑后选用。

①活塞洗井

常用方法是将活塞安装在钻杆上，送至滤水管上部，利用升降机上下活动钻具，使钻具活塞在井管内上下往复运动。从而产生抽吸作用，破坏井壁泥皮、疏通含水层通道，引起砾料重新排列而达到洗井目的。常用活塞结构如图 2-33 所示。

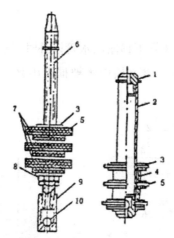

图 2-33　活塞洗井

1-岩心管接头；2-岩心管；3-压片 4、7-垫片；

5-胶皮；6-钻杆；8-钻杆；9-阀座；10-球阀

活塞洗井用的钻具要连接牢固，以防钻具脱落。同时要定期起钻检查活塞的磨损情况，如磨损过大，应及时更换。

②空压机洗井

利用压缩空气洗井是一种常规的洗井方法。可分为喷嘴反冲洗井和激荡洗井。

a. 喷嘴反冲洗井

喷嘴反冲洗井如图 2-34 所示。它是在风管下部装上一个枝形喷嘴，压缩空气以很高的速度喷出，借气水混合物的冲力通过滤水孔，在管外形成旋涡流动，使砾料翻腾，破坏泥皮，并伸入含水层中，携带含水层中细砂后返回滤水管，从而达到洗井目的。喷嘴反冲洗井应从含水层上部开始，逐渐下移，直至整个含水层都冲刷一遍。也可与活塞洗井交替使用。

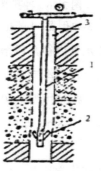

图 2-34　喷嘴反冲洗井

1-风管；2-喷嘴；3-井管

b．激荡洗井

如图 2-35 所示。当风管下移露出水管以外时，气水混合物冲向含水层；当风管进入水管以内时，含水层中水被抽吸出来，如此反复而达到洗井目的。

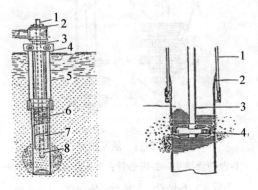

图 2-35　激荡洗井

1-井管；2-孔口塞；3-扬水管；4-管夹板；

5-套管；6-滤水管；7-风管下入水管位置；8-风管伸出水管位置

③冲孔器洗井

冲孔器结构如图 2-36。将冲孔器连接在钻杆下端后下入孔内，使冲孔器对准含水层部位，开泵送水，高压水流经喷孔高速射出，而达到洗井目的。

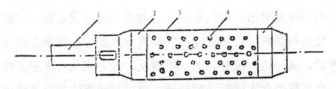

图 2-36　冲孔器

1-钻杆；2-接头；3-冲孔器；4-喷孔；5-接头（不通水）

冲孔器外径应略小于滤水管内径，以增大水流的冲洗力。冲孔时要缓慢转动冲孔器，并从含水层上部逐渐向下移动，直至整个含水层都冲刷一遍。喷嘴直径一般取 2~3mm，喷孔距离取 10~15mm。喷孔个数视泵量和泵压而定，保证水流喷射速度为 5~8m/s 即可。

④理化洗井

理化洗井分为物理洗井和化学洗井。

物理洗井是指向井内注入液态二氧化碳、液态氮和固态二氧化碳等物质，利用它们在井内产生强烈的物理变化，使井内的水挟带泥砂喷出地表，而达到洗井目的。化学洗井是向井内注入磷酸盐和盐酸等化学药品，在井下与泥皮和含水层裂隙中某些充填物发生化学作用，使其软化分散、溶解，配合其他洗井方法而被抽出地表，达到洗井目的。

a. 二氧化碳洗井在常温下将净化后的二氧化碳，输入密封的压力容器中，施加 7MPa 压力后，即成为液态二氧化碳，装入专用钢瓶（或氧气瓶），运到现场即可使用。

液态二氧化碳洗井，多用在第四系粗颗粒地层及基岩裸眼井、裂隙水地层等浅井。如普助于液压机械也可用于 2000m 深井。

洗井原理是：将瓶装液态二氧化碳，通过管道送入井内后，在孔内遇水吸热汽化，体不影胀，产生强大的气体压力，向含水层的孔隙或裂隙深部冲击，同时推动孔内水柱上升喷出地表。随着井喷、孔内水位下降，在孔内形成瞬时负压。由于地层压力的作用，地下水挟带大量细粒岩屑和裂隙充填物及井壁上的泥皮涌入孔内，并随井喷后期被排出孔外。灭而达到疏通水流通道，增加水井出水量的目的。

对石灰岩地层，可先注入盐酸，静待一定时间后，再结合液态二氧化碳洗井，较单独资用效果要好。

当用于浅井洗井时，利用瓶内的压力即可将液态二氧化碳注入井内。其安装如图 2-37 所示。

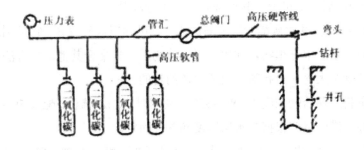

图 2-37　二氧化碳洗井安装图

当用于中深井（深度 300m 以内）洗井时，可将液态二氧化碳钢瓶装在汽车上。洗井时由车上的管道直接接到井内钻杆上，一次可放喷 7 瓶液态二氧化碳。

当用于较深井洗井时，仅靠瓶内压力不能将液态二氧化碳送入井内，须借助于水泵的压力。此时可在输入井内的管道上并联上水泵的输出管道，利用水泵的压力将其压入井内。

采用液态二氧化碳洗井时，应注意以下事项：

- 管道要确保密封，不可有泄漏现象。
- 钢瓶和操作人员要离开井口 20~30m。
- 气温低于 5℃时，钢瓶应保温使用。
- 钢瓶必须按国家标准，专瓶专用。
- 防止冲击、暴晒。

b. 焦磷酸钠洗井焦磷酸钢洗井属于化学洗井。主要用于泥浆钻孔，它对溶解泥皮、稀释泥浆、消除泥浆对含水层的封堵有明显的效果。

市售的焦磷酸钠有两种产品。一种是无水焦磷酸钠（$Na_4P_2O_7$），呈白色粉末，易溶解，碱性（pH 值为 9.2）、无毒、腐蚀性弱，为工业常用，价格便宜，适宜于野外批量使用。另一种是十水焦磷酸钠（$Na_4P_2O_7·10H_2O$），呈透明块状，常温下不易溶解，且价格贵，作化学试剂用。

采用焦磷酸钠洗井时，应先用热水将焦磷酸钠溶解。用水量按水:焦磷酸钠=100:（0.6~0.8）的重量比确定。井内灌入量一般按含水层厚度和井径计算出灌注井段的体积，考虑到砾料所占空间，实际灌注量可取计算量的 70%。

灌注方法是，待填砾工作结束后，紧接着向井内下入灌浆管，按先管外，后管内的顺序灌入焦磷酸钠溶液。最后向管外填入止水物和回填物。静置 5~6h 后，即可配合其他洗井方法进行洗井。

c. 酸化洗井对碳酸盐类岩石的水井，可利用盐酸洗井。它是利用盐酸来溶解含水层中充填物，并生成不溶性物质，再配合其他洗井方法抽出地面，达到扩大含水层孔隙、疏通水道的目的。

市售工业盐酸浓度为 18%~35%，使用时应加水稀释，配成 5%~10%浓度。井内灌注量应根据含水层厚度和井径而定。

对硅酸盐类岩石，单独使用盐酸效果不好，可加入 2%~6%氟氢氨或氢氟酸，以加速硅酸盐的溶解速度。

应注意的是，盐酸具有腐蚀性，为避免对金属管路及设备的腐蚀，可加入 0.25%甲醛溶液。

酸化洗井的灌注方法很多，一般采用泵送，也可用压风机压入。图 2-38（a）为钻孔酸化处理的简易装置，它利用贮酸器内酸液的静液压力，将酸液压入含水层中；图 2-38（b）是单栓注酸装置，可利用水泵将配制好的酸液压入含水层。

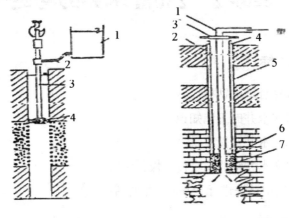

（a）钻孔酸处理简易方法　　（b）单塞注酸器

1-贮酸；2-胶皮管；　　　1-注酸管；2-支撑管；3-丝杆扳手；

3-注酸管；4-胶皮活塞　　4-支撑木塞；5-套管；6-栓塞；7-垫圈

图 2-38　酸化洗井装置图

d. 综合洗井

目前在洗井工作中，通常是先注入焦磷酸钠使泥皮软化，然后配合活塞洗井或液态二氧化碳洗井。在基岩中，可先使用酸化洗井，再使用液态二氧化碳洗井。这种综合洗井法，会增大洗井效果。

任务实施

1. 能够掌握水文水井钻的工艺知识。

2. 能够安全顺利完成 100m 水井的钻进工作。

总结与评价

评价内容	评价指标	标准分	评分
安全意识	能否进行安全操作	20	
作业过程	操作熟练程度	20	
分配能力	分工是否明确	20	
团队协作	相互配合默契程度	20	
归纳总结	总结的是否齐全面	20	

任务 2　250m 水井的钻进

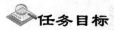

任务目标

1.能够选择合理的钻机；

2.掌握水文水井的工艺知识；

3.掌握水文水井钻探质量；

4.了解水文水井钻的安全技术操作规范；

5．能够使用钻进进行 250m 水井的钻进。

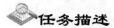

任务描述

选择合适的钻机完成 250m 水井的钻进工作。

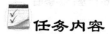

任务内容

1.水文水井钻探质量

水文地质钻探是为了最大限度地取得可靠的水文地质资料，以评价地下水的赋存条件充储量，因此必须把好钻孔质量关，牢固地树立为取得正确的地质成果而服务的观念。按（水文地质钻探规程》规定，水文地质钻探的质量标准是：钻孔直径、岩心岩样的丧取与整理、校正孔深、钻孔弯曲度、简易水文观测、止水与封孔、抽水试验、原始记录及技术档案等八项。

1）钻孔直径

含水层孔段的钻孔（滤水管）直径应根据钻孔性质、水文地质条件和钻孔深度等因素确定。当孔深在 300m 以内时，一般按表 2-19 要求选择；深度超过 300m 或有特殊要求对，可视具体情况而定。

表 2-19　水文地质钻孔直径参考表

钻孔性质	含水层岩性		
	松散层		基 岩
	滤水管直径 mm	砾料厚度 mm	钻孔直径 mm
观测孔	50～108		91～110
水文地质勘探孔	0～150m 不小于 127 150～300m 不小于 108		不小于 110
探采结合孔	不小于 146	75～100	不小于 150

2）岩心、岩样的采取与整理

水文地质钻探目的之一，是从地下取出岩心（岩样），通过对岩心（岩样）的观察、鉴定与综合研究，了解岩层的岩性、结构、厚度和含水层特征、粒度、孔隙度、含水层厚度以及含水层顶底板岩性等水文地质资料，作为水文地质评价的主要依据。同时也是成井工作中选择井管类型和砾料级配的依据。因此岩心（岩样）的采取是衡量水文地质钻孔质量的重要指标之一。

（1）采取岩心、岩样的基本要求

采取岩心应力求准确地从钻孔中采取能代表相应孔段的和足够长度的岩心，并用岩心采取率来表示。

岩心采取率是指取上的岩心和长度与相应的进尺长度比值的百分数。

岩心采取率=采取的岩心长度／相应的进尺长度×100%

水文地质钻探对岩心采取率的要求是：

①回转钻进常规口径岩心采取率的一般要求黏性土、完整基岩平均不低于 70%（分层不低于 60%）；砂性土、风化或破碎基岩平均不低于 40%（分层不低于 30%）；取心特别困难的卵石层、溶洞充填物和破碎带，要求顶底板界线清楚，并取出有代表性的岩样。使用大口径钻机，如果采用连续取心，采取率允许比常规口径相应降低 10%；如果采用冲击取样器，是每 2m 取一个样。无岩心间隔一律不超过 3m。

②冲击钻进取样要求含水层及岩性变化复杂的地位，每进尺 2m 取样一个；大厚度非含水层，每进尺 3m 取样一个；变层厚度大于 1m 必须取样。样品数量应满足试验和鉴定需要。

③在地层构造、地层层序、含水层位已基本了解，并有物探综合测井密切配合的条件下，可适当降低岩心采取率要求。

④岩心采取率局部未达到质量要求时，可采用孔壁间隔取样弥补。补样间隔一般为 2m 一个样品。

⑤岩心采取率的计算，应以实际钻进岩层（包括覆盖层）为计算对象。矿坑、天然空洞及允许不取心孔段的进尺，不参与计算。

（2）岩心的整理

①从钻孔中取出的岩心，要按取出的顺序自上而下排列，不得颠倒、混淆，并及时整理、编号、装箱。钻孔未经验收，岩心应妥善保管。

②孔内取出的岩心一般要洗净。对松散、破碎、粉状及易溶岩心，应

待泥皮半干时再除去泥皮，然后装入布袋或塑料袋中。

③岩心现场编号是机场原始记录的内容之一。在编号时必须做到数据真实，书写工整、清晰。岩心牌用铅笔填写，岩心和岩心箱的编号用油漆填写。

④装满岩心的岩心箱要依次放置在稳妥的地方，以防错乱、丢失和损坏。

3）钻孔弯曲度

在钻进过程中，钻孔轴线偏离原设计的方位角和顶角，称为钻孔弯曲。钻孔过分弯曲，将不能按预定的要求穿过含水层或构造带，使钻孔的利用价值降低，甚至报废。同时也为钻探施工和成井工艺造成困难，影响抽水试验质量，甚至无法进行抽水。

水文地质钻孔对钻孔弯曲测量的基本要求是：

（1）钻进中遇下列情况必须测量钻孔弯曲度

①孔深100m以内每钻进50m，孔深100m以上每钻进100m和终孔后；

②钻孔换径后钻进3~5m及扩孔结束；

③发现孔斜征兆。

（2）钻孔顶角最大允许弯曲度，每100m间距内不得超过2°。随钻孔的加深，可以递增计算。

4）校正孔深

记录钻孔深度是确定钻孔所穿过含水层各种地层位置的依据，必须与实际相符。但在测量过程中由于丈量工具误差和粗心大意，将造成钻孔实际深度与报表累计孔深不符，故必须校正孔深，以保证钻孔深度的准确性。

大师点睛

校正孔深的基本要求是：

（1）钻进中遇下列情况必须用钢卷尺校正孔深：

①每钻进100m及钻进至主要含水层和终孔后；

②钻孔换径、扩孔结束和下井管前。

（2）孔深校正最大允许误差为1‰。在允许误差范围内可不必修正。超出者必须重新丈量，寻找原因，修正报表。

孔深误差率＝{（校正前的孔深－校正后的孔深）÷校正后的孔深}×1000‰。

5）简易水文地质观测

钻进过程中简易水文观测项目一般包括：

（1）观测孔内水位的变化。起钻后、下钻前各测量水位一次，间隔时间不少于 5min。停钻时间较长，应继续观测，24h 以内 4h 观测一次，超过 24h 每 5h 观测一次。

（2）记录冲洗液明显漏失的位置。

（3）记录钻孔涌水的位置，测量涌水量和初见涌水的水头高度。

（4）记录钻进中出现的异常现象，如钻具陷落、孔壁坍塌、涌砂、气体逸出、水色变等。

采用泥浆钻进的钻孔，不观测孔内水位变化，但必须记录钻进中出现漏失、涌水和其异常现象。

6）抽水试验

在水文地质钻孔中，通过对含水层进行抽水试验，取得水量、水质、水位、水温等资料，为评价水文地质条件，合理开发地下水提供可靠依据，必须认真进行，以保证取得全面准确的试验数据。抽水试验的基本要求是：

（1）抽水试验前，必须采取有效的洗孔措施，消除钻进中对含水层的不良影响。洗井后经试抽对比，应达到前后两次洗孔单位涌水量变化不超过 10%，或与临近可比钻孔的单位涌水量最近似后，才能转入正式抽水。抽水时，水文地质勘探孔应达到基本水清，探采结合孔出水达到水清，探采结合孔出水达到水清砂净。

（2）抽水试验过程中应观测记录抽水前、后的孔深、静止水位和恢复水位、抽水时的动水位、涌水量、水温、气温以及附近民井水位的变化。

（3）抽水降深及稳定延续时间的规定

区域水文地质普查钻孔一般作 2~3 次降深，每次稳定延续时间为 8h，但补给条件不好的地区应适当加大延续时间；农田供水勘探钻孔一般作 2 次降深，稳定延续时间分别为 12h、24h。

单孔涌水量小于 0.01L/（s·m）和特大水量的钻孔，可以只作一次最大降深。水位最小降深值一般不小于 1~3m。

（4）水位、水量稳定标准

①抽水时稳定延续时间内的动水位允许波动值为降深值的 1%，涌水量允许波动值为平均涌水量的 3%。

动水位、涌水量波动值，按下式计算：

波动值=（最大或最小值与平均值之差÷平均值）×100%

②恢复水位要求水位恢复到 4h 内水位变化不超过 5cm。

水位和水量在抽水过程中连续上升或下降，不能视为稳定。抽水中断、但恢复抽水后资料与中断前可衔接时，中断前资料应视为有效。在稳定延续时间内，水位或水量个别观测值出现异常，超出允许波动值，但不影响资料利用时，也应视为稳定。

（5）抽水后检查孔深，沉淀物不得淤塞进水孔（管）段。

7）止水与封孔

在水文水井钻孔中，需要对目的含水层以外的其他含水层或非含水层进行封闭与隔离。以防止对含水层的干扰和污染，为此目的所进行的工作称为止水。封孔的目的主要是防止钻孔穿过某些岩、矿层后，给地下水利用等带来危害。止水与封孔的基本要求是：

（1）需要进行止水或封孔的孔段，应按地质设计提出的要求执行。

（2）止水位置应选择在隔水性好、能准确分层、孔径较规整的层位。隔水层厚度不得小于 5m。

（3）检查止水效果应根据所用的检查方法，确定其质量要求。采用压力差法检查时，所造成的相邻两含水层的水位压差应尽量做到比抽水期间对止水物可能造成最大压力值为大。当止水管与孔壁间隙较大时，管内作最大降深连续抽水，使管内外水位有明显高差（10m 左右），30min 后，测量管外水位波动幅度不超过 0.2m 为符合要求。当止水管与孔壁间隙较小，管外无法测量水位时，在止水部位以下 0.5~1.0m 处采取临时性封隔措施，隔开下部的含水层，然后进行提水，降低管内水位（10m 左右），30min 后，测量管内水位波动幅度不超过 0.2m 为符合要求。

（4）除留作长期观测孔或生产井的钻孔外，其余钻孔必须封孔。

①孔口以下至较完整地层用隔水材料封闭。

②凡是窗过工业矿体，又见有主要含水层、含水构造，或同时穿过几个含水层，可能导致水文地质条件恶化的钻孔，其工业矿层或主要含水层、含水构造的顶底板上下各 5m 范围内，必须用 425 号以上的水泥或不透水的硬质塑料进行封闭。如封闭段为黏土层，也可用优质黏土封闭。

（5）根据需要可选择已封钻孔进行钻透试验，检查封孔质量。见矿钻孔封孔后，必须在孔口设立标志。

8）原始记录及技术档案

钻探各项原始记录及技术档案，必须真实反映生产情况，做到及时、准确、齐全、整洁，用钢笔填写。终孔后汇订成册，归档存查。

钻孔（包括试验工作）完工后，应由质量验收组进行验收，对钻探质量作出评价，发现问题，允许弥补。

钻孔质量评定分为优良孔、合格孔和不合格孔三类。

凡完全达到各项质量指标和地质设计有关要求的钻孔，定为优良孔。凡基本达到下列要求的钻孔，定为合格孔：

（1）岩心采取率基本达到要求，含水层与非含水层岩性、层位基本查明，咸水层与淡水层的分界面划分清楚。

（2）按规定进行了抽水试验，并基本取得了符合质量要求的水量、水质资料。凡未能达到上述要求的钻孔，定为不合格孔。

2.冲洗液知识

1）钻孔冲洗液的功能和类型

（1）钻孔冲洗液的主要功用

①冷却钻头

钻头在孔底破碎岩石时，因摩擦而产生大量的热，降低破碎岩石的效率，甚至会发生烧钻事故。

②清洗孔底

如不及时冷却，会使切削具很快的

把破碎的岩粉及时的排出孔外，以防岩粉在孔底堆积产生重复破碎，增加钻头、钻具的磨损，影响钻头的寿命和钻进效率。故要求冲洗介质具有较大的输送和悬浮岩粉的能力。

③保护孔壁

在钻进中，由于破坏了岩层的平衡状态，如果岩层本身稳定性差，易发生变形甚至坍塌。因此，冲洗介质应具有一定的相对密度以平衡地层的压力。同时还要求冲洗介质具有造壁能力，能在孔壁上形成一层薄而致密的泥皮，以保护孔壁。

④润滑钻具

由于钻具在孔内回转速度大，阻力也大。故要求冲洗液在钻具上形成一层润滑层，减少功率的损耗，钻具的磨损，提高钻具的使用寿命。

除此以外，冲洗介质中加入表面活性物质，还起到软化岩石的作用，还可以作为孔底发动机的动力等功用。

（2）钻孔冲洗液的类型

①清水

清水黏度小，因此钻具回转时水泵工作阻力小，液柱压力对阻碍孔底岩石破碎的影响小，故钻进效率较比泥浆时高；清水中岩粉容易净化，对钻具和水泵的磨损小；此外清水冲孔成本低，操作方便，机场清洁。因此，在稳固的岩层和钻孔深度不大的漏失地区（当水源丰富时）应尽量采用清水冲孔。

②泥浆

泥浆是由优质黏土与水混合后（根据不同的地层需要加入一定数量的有机或无机化学处理剂以改善泥浆的性能）所形成的一种胶体悬浮液。在复杂地层钻进时多采用这类冲洗液洗孔。

目前钻探中使用的泥浆类型有：

a. 水基泥浆

主要组成是黏土、水和化学处理剂。其中黏土为分散相，水为分散介质。

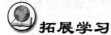 拓展学习

属于这种类型的泥浆有：

淡水泥浆又称细分散泥浆，它是由黏土、淡水和一般处理剂组成。其特点是：固（黏土）含量高且高度分散于水中。

通过高含量黏土的分散程度来调整泥浆的各种性以磋足地层的要求。

盐水泥浆用氯化钠其含盐量多少视地层而定。（NaCl）含量＞1%的盐水和黏土配置的泥浆成为盐水泥浆，其含盐量多少视地层而定。如在盐层中钻进时，需要用含盐量达到饱和状态的饱和盐水泥浆。使用中还要加入某些有机处理剂，以达到泥浆的某些性能要求。

钙处理泥浆是在淡水泥浆中加入絮凝剂（如石灰、石膏、氯化钙）配制而成的。并用稀释剂和降失水剂来调整其性能。

b. 低固相泥浆凡黏土含量（重量计）<10%的泥浆，称为低固相泥浆。这种泥浆又有水基低固相泥浆和油基低固相泥浆之分。

c. 混油泥浆在上述各种泥浆中，按照各种需要加入若干数量的柴油或原油，形成水包油型（即 O/W 型）混油乳化泥浆。

d. 油基泥浆

油包水乳化泥浆它是以膨润土及水等物质为分散相，柴油（或原油）为分散介质，再加入乳化剂等处理剂，配成 W/O 型乳化泥浆。这种泥浆常

用于石油钻井中易坍塌的地层使用。

油基泥浆这种泥浆由膨润土（或沥青）、柴油（或原油）及处理剂配制而成。它抗侵污能力强，对油层损害小，多用于油层钻进。

e. 充气泥浆这种泥浆是在原泥浆的基础上，加入一定数量的发泡剂并对泥浆充气。充气后的泥浆含有细小的泡沫，使泥浆的比重降低到 0.6~0.95。

③乳化液

这类冲洗液的基本组成成分为油（机油或重柴油）和乳化剂（即表面活性剂和水）通过强力搅拌配成。它具有良好的润滑、冷却、排粉、减振等性能。

2）泥浆的配制

普通泥浆的配制：

首先根据地层情况选择泥浆的相对密度，然后再根据需要的泥浆相对密度来确定黏土和配浆水的用量。

碱的加量应当事先作小型试验优选，求得最优加碱量。在野外实践操作时往往以叫值试纸衡量加碱量最为方便，一般泥浆的 pH 值达到 8~10 为好。

配制泥浆可采用机械搅拌或水力喷射等方法，在水文地质钻探现场往往以机械搅拌为常见配制时根据所要求的相对密度，把应加的黏土和水加到搅拌机里搅拌，待黏土和水三寸分散后再加适量的碱，再加一些其他化学药剂。当泥浆的性能指标达到要求时即可停二搅拌。配制泥浆的黏土最好采用预先加工的黏土粉，若就地取材采用黏土块，则应先将二块捣碎，用水浸润一小时左右，然后再放入搅拌机里。

3）泥浆的主要性能

（1）失水量及造壁能

在钻进时，若泥浆柱与地层间有压力差存在时，泥浆中的自由水逐渐脱离泥浆向孔壁岩层的孔隙中渗入，这个过程叫做泥浆的失水。表示泥浆失水多少的性能称为失水量。在泥浆失水的同时，泥浆中的一些较大的黏土颗粒附着在孔壁岩石上，形成一层泥皮（见图 2-39），泥浆的这种能力称为泥浆的造壁能。形成的泥皮能阻止泥浆继续失水，同时又能保护孔壁不坍塌掉块，实现顺利钻进。

泥浆失水量的大小，主要取决于黏土的分散度和黏土颗粒的水化能力。若黏土分散性好、泥浆中胶体颗粒就多，且水化作用好，就使泥浆中吸附水多而自水少，同时胶体颗粒又能堵住孔隙通道，在孔壁上形成一层薄而致密坚硬的泥皮因而泥浆失水量就小，如图 2-39（a）所示。

右黏土颗粒分散不好时，则胶体颗粒小。附着在孔壁岩石上的是一层厚而疏松的泥皮。泥浆中的水分子还可以不断地向岩石的孔隙中渗透，如图 2-39（b）所示。故泥浆失水量就大。此外，泥浆失水量的大小还与泥浆柱与地层的压力差和岩石的孔隙度有关。压力差愈大，岩石孔隙越多，泥浆的失水量也就越大。

 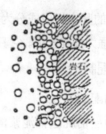

（a）泥饼薄而韧，失水小　　（b）泥饼厚而松，失水大

图 2-39　泥皮形成示意图

目前，我国测量泥浆失水量用的 ZNS 型失水测定仪见图 2-40。泥浆的失水量是在 $6.867 \times 10^5 Pa$ 压力作用下，30min 内通过截面积为 $45.3cm^3$ 的过滤面积的渗透液量，通常以 mL 表示。泥浆的失水过大，形成的泥皮厚而疏松，会给钻进工作带来不良的影响。

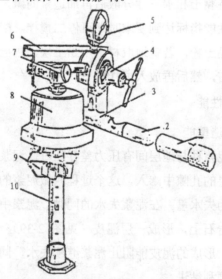

图 2-40　ZNS 型泥浆失水量测定仪

1-盖；2-气瓶；3-气源接头；4-减压阀；5-压力表；

6-安装板；7-放空阀；8-泥浆杯；9-挂架；10-量杯

在水敏地层中，如泥岩、页岩、黏土因吸长膨胀而造成的钻孔缩径，使起下钻困难，同时还会造成卡埋钻具；由于泥皮过厚，会产生泥包钻头，使钻头冷却不良，寿命降低；因泥支过厚，使钻孔外环空间减少，起下钻时激动压力增加，导致孔壁坍塌和漏失。

上述岩层对泥浆失水量的要求较高，一般应小于 10mL/30min。但在一般岩层中，泥浆失水量不超过 30mL/30min 即可。

在钻探工作中，降低泥浆的失水量，主要是提高泥浆胶体颗粒的浓度和黏土颗粒的水化程度。

（2）触变性和静切力

泥浆静止时，黏土颗粒两端水化膜薄处黏结而形成结构，稠化成胶状物质。当再进行搅拌或振荡时，又恢复原有的流动性。这种性质称为泥浆的触变性。

要使静止状态的泥浆开始运动，破坏单位面积网状结构所需的力，称为静切力。其单位为 Pa。

一般规定，静止 1min（美国石油学会的标准为 10s）后测得的静切力，称为初切力。静止 10min 后测得的切力，称为终切力。

泥浆触变性能的好坏，以终切力和初切力的差来表示。差值越大表示触变性能越好。泥浆的触变性，对钻探有很大影响。静切力大的泥浆当停钻时，能形成一定的网状结构，有利于岩粉的悬浮，不会因岩粉的沉淀而引起埋钻事故。同时，在裂隙地层钻进时，使用静切力大的泥浆可防止漏失。但是，静切力大的泥浆，钻具回转和水泵君动困难，泥浆中的岩粉也不易净化。因此，一般要求泥浆的静切力在 $0.98\sim3.92$Pa（即 $10\sim40$mg/cm^2）。

泥浆静切力的测量，一般采用旋转黏度计。其工作原理是利用外圆筒（或内圆筒）的高速回转造成的速度梯度，使内外筒之间的泥浆受到剪切力，并以和内筒（或外筒）相连接的扭力弹簧（或钢丝）扭转角的大小来反映回转时的摩擦阻力的大小。

（3）黏度

黏度是泥浆流动难易程度的指标。它反映泥浆流动时，其内部摩擦阻力的大小。摩擦阻力包括液体之间、黏土颗粒之间以及黏土颗粒与液体之间的摩擦阻力，并且也有泥浆结构的影响。一般静切力大的泥浆，其黏度也高。

在正常钻进时，如泥浆的黏度过大，会造成泵压过高、净化岩粉困难、泥包钻头、影响钻速和起下钻抽吸作用大等问题。

因此，在正常情况下，要求泥浆漏斗黏度在 185 左右。在漏失及破碎地层钻进时，要采用高黏度的泥浆。

泥浆黏度的测量，在钻探施工中常采用野外漏斗式标准黏度计。该仪器携带方便，易掌握。测量时用量杯分别取 200mL 和 500mL 泥浆，通过筛网注入漏斗，然后使泥浆从漏斗流出，流满 500mL 时量杯所需的时间（s）即为所测泥浆的黏度（视黏度）。

（4）相对密度

泥浆的相对密度是指泥浆与同体积水的重量之比。泥浆相对密度的大小主要取决于泥浆中固相（黏土、加重剂及岩粉等）的含量和固相的相对密度。固相含量高和固相相对密度大，则泥浆的相对密度也大。

泥浆的相对密度决定着对岩层的压力。因此，在钻进时，应根据地层的稳定程度来选择泥浆的相对密度。如地层压力大，特别是石油钻进中发生井喷之前应在泥浆中加入加重剂（重晶石粉等），用来加大泥浆的相对密度以平衡井内地层内的压力。相反，在漏失地层钻进时，应加入发泡剂或减少固相的含量，用来降低泥浆的相对密度以减少漏失。

近年来的研究发现。泥浆的相对密度对钻速影响甚大，随着相对密度的增加，钻速下降。所以，采用泥浆钻进的钻速比清水低，而用清水的钻速又低于用空气的钻速。其次，人们发现两种同样相对密度的泥浆，一种用重晶石加重，一种为普通泥浆，前者的钻速就比后者高。这主要是由于固相含量的影响，从而使钻速降低。

因此，在保证孔内正常钻进的前提下，泥浆的相对密度，固相含量应尽量低。尽量采用不分散低固相泥浆钻进。

泥浆相对密度的测量，目前，用得最多的是泥浆相对密度称。其结构如图 2-41 所示。

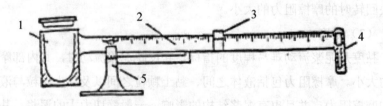

图 2-41　泥浆相对密度秤

1-泥浆杯；2-杠杆；3-游码；4-重物；5-支架

测量泥浆相对密度时，将泥浆装满泥浆杯中，加盖后使多余的泥浆溢出。擦干泥浆杯表面后，移动游码，使杠杆处于水平状态。读出游码左侧刻度，即为泥浆的相对密度值。

（5）含砂量

泥浆含砂量是指泥浆中不能通过 200 号筛孔，即直径大于 0.074mm 的砂粒所占泥浆总体积的百分含量。

泥浆的含砂量高，不仅增大泥浆的相对密度，影响钻速。而且也磨损钻具、钻头和水泵等设备。同时在循环中止时还会因砂子的沉淀，发生埋钻事故。故要求含砂量越低越好。一般不超过 4%。

测定含砂量常采用图 2-42 所示的含砂量测定器。测量时取 50mL 泥浆和 450mL 清水，在测定器内混合、摇匀，然后静止 1min。读出砂子在量杯细管内沉淀的刻度数，再乘以 2，即为泥浆含量的百分数。

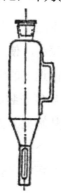

图 2-42　含砂量杯

（6）胶体率

泥浆在静止 24h 时间内分离出水的体积和百分数，即为泥浆的胶体率。

泥浆的胶体率可作为初步评定泥浆质量好坏的简易方法。高质量的泥浆，因黏土颗粒分散和水化好，在静止时不分离出水。而黏土颗粒分散和水化程度不高的劣质泥浆，往往能分离出许多水。

胶体率的测定，是在量筒内注入 100mL 泥浆加盖，静止 24h，观察量筒上部澄清液的体积，如澄清液为 4mL，则胶体率为 96%。泥浆胶体率一般不应低于 96%。

（7）pH 值

泥浆的 pH 值（酸碱度）对泥浆性能有重大影响，也是泥浆进行化学处理的重要依据。

一般情况下，泥浆 pH 值应控制在 8~10 之间，而钙处理泥浆 pH=11 左右。

泥浆 pH 值的测量方法简单，一般采用 pH 值试纸进行比色测量。

4）泥浆的净化

在钻进过程中，由孔底返上的泥浆携带有大量的岩屑，如不及时清除，就会造成恶性循环，泥浆的原有性能就会遭到破坏，并加速水泵零件的磨损、影响孔底的清洁，严重时可能造成孔内事故。因此，泥浆的净化很重要，现场一般采用以下几种方法：

（1）加长循环槽、加大泥浆坑和沉淀坑，使泥浆在地表循环时，流速减慢、地表流程加长，有利于沉淀。循环槽的坡度一般按 1/100~1/80 安装，为了提高净化效果每隔 1.5~2m 应安装挡板。

（2）安装泥浆振动除砂器

常用的振动除砂器见图 2-43 所示。它是利用偏心重锤高速旋转产生的振动力，使振动筛作上、下高频振动。使用振动除砂器时，需要安装井口管或用水泥筑一井口水槽，将井内返出的泥浆出口抬高一些，振动筛网一般选用 30~40 目的铜网，按 1/10 斜度安装。当泥浆从井口流出通过正在振动的筛网时，泥浆中所含的砂子从筛架下方自动排出，泥浆则通过筛网流入泥浆坑内。

振动除砂器清除泥浆中较大的颗粒比较有效。如果与旋流除砂器配合使用，泥浆的净化效果则会更好。

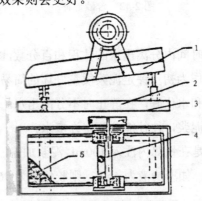

图 2-43　离心式振动除砂器

1-振动筛架；2-底座；3-皮带轮；4-偏心锤；5-筛网

（3）采用旋流除砂器

旋流除砂器的结构见图 2-44。

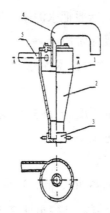

图 2-44　旋流除砂器

1-圆筒；2-锥形管；3-沉砂管；4-溢浆管；5-进浆管

泥浆在污水泵（离心泵的一种）作用下，由进浆管高速进入旋流器内，泥浆沿圆筒壁周运动，泥浆与泥浆中的固相同时受到离心力，粗的颗粒因有大的惯性力，被抛向管健王拿擦力作用下慢慢降低速度而下沉，最后由排砂口流出。经过除砂后的泥浆由溢浆管口翔泥浆池内重新使用。设计不同的圆筒直径、锥形筒的长度和锥角以及沉砂帽的排砂卿，可以清除不同颗粒的砂子。

（4）稀释泥浆，减少泥浆的切力，使岩屑易于下沉，然后从泥浆坑（槽）中清除。

3.护壁堵漏

1）水泥浆液护壁与堵漏特点

盼水泥是重要的建筑材料，在工业、农业、国防、民用等建筑工程中广泛地使用。在钻护孔壁堵漏与钻孔封孔工作中，在石油钻进的固井作业中，水泥的应用已有很长的历史。晓哭水泥做钻孔灌浆的胶凝材料，具有材料来源广，品种多，价格便宜，固结强度高，抗龙透性能好等优点。因此，在钻孔护壁堵漏工作中，水泥仍然是目前应用得最广泛的重要胶凝材料。

2）硅酸盐水泥性能及凝结硬化过程

（1）硅酸盐水泥的凝结硬化过程

水泥和水搅拌成水泥浆时，最初呈流动状态，具有一定程度的黏性和塑性。然后逐渐夫去流动性和塑性，并慢慢变成固体状态但尚无强度，这一过程叫水泥的凝结过程。逐渐变硬，产生一定的强度，最后变成坚固的水泥石，这一过程称为硬化。一般把水泥浆由流动状态变为固态的初期阶段叫做凝结阶段。阶段叫做硬化阶段。

（2）硅酸盐水泥的主要物理技术性能

①细度

细度是指水泥颗粒的粗细程度。硅酸盐水泥的细度，规定用 4900 孔/m² 标准筛检定，其筛余量不超过 15%。

②对密度与容重

水泥相对密度一般在 3.05~3.20 之间，通常采用 3.1。掺有混合材料或储存过久的，相对密度稍有下降。其容重通常采用 1300kg/m³。

③水灰比

水灰比是指水泥加水搅拌时加水量与水泥重量的比值。水灰比越大表示加水量越多、水泥的凝固时间延长；水灰比愈水，加水量愈浓，水泥时凝团时间缩短。配制水泥浆时加水量有一个极限值，当水灰比超过该极限值以后，水泥后期强度急剧下降，不透水性相应变坏。因此，在灌注水泥工作中，应根据需要找出适当的水灰比，一般以不超过 0.5 为限。

现场有时产生孔内水泥浆长期不能凝固的现象，其原因有的是灌注时水灰比过大，或是水泥浆在灌注过程中被水稀释，使实际水灰比增大。

④凝结时间

有初凝和终凝之分。从水泥加水到开始失去塑性时间称为初凝时间；从加水到完全关去塑性并开始产生强度的时间称为终凝时间。

对于硅酸盐水泥来说，以 0.45~0.5 的水灰经为准，初凝时间不得少于 45min，终凝时间为 5~8h。

⑤水泥的强度及标号

强度是确定水泥标号的指标，也是选用水泥的依据。水泥强度是用软练法检验，即将水泥按标准规定方法制成标准试样，在标准条件下养护后，进行抗压、抗折强度试验。分别测定 3d、7d、28d 龄期的强度，其中 28d 的抗压强度数值，即为水泥的标号。据此将硅酸盐水泥划分为 425、525、625 三个标号；普通硅酸盐水泥则划分为 225、275、325、425、525、625 六个标号，其各龄期的强度均不得低于表 2-20 中的数值。

如果水泥的细度，凝结时间与体积安定性完全符合规定，仅强度不符合该标号的标灌，但还在最据标号以上时，称为不合格品。不合格品的水泥可以降低标号赞用，而强度低于最低标号的强度标准，则为废品。

表 2-20　几种常用水泥的软练强度指标

水泥品种	软练标号	抗压强度/MPa			抗折强度/MPa		
		3d	7d	28d	3d	7d	28d
硅酸盐水泥	425	18	27	42.5	3.4	1.6	6.4
	525	23	34	52.5	4.2	5.4	7.2
	625	29	43	62.5	5	6.2	8
普通硅酸盐水泥	225	–	13	22.5	–	2.8	4.5
	275	–	16	27.5	–	3.3	5
	325	12	10	32.5	2.5	3.7	5.5
	425	16	25	42.5	3.4	4.6	6.4
	525	21	32	52.5	4.2	5.4	7.2
	625	27	41	62.5	5	6.2	8
矿渣硅酸盐水泥火山灰硅酸盐水泥粉煤灰硅酸盐水泥	225	–	11	22.5	–	2.3	4.5
	275	–	13	27.5	–	2.8	5
	325	–	15	32.5	–	3.3	5.5
	425	–	21	42.5	–	4.2	6.4
	525	–	29	52.5	–	5	7.2

⑥流动度即水泥浆的流动能力，在很大程度上取决于水灰比。

⑦抗水性和耐蚀性普通水泥的抗水性较差，因为水泥水化时不断生成氢氧化钙，而氢氧化钙容易被水溶解并与其他物质起化学反应，把以普通水泥对有腐蚀性的液体和气体的抵抗能力较差，如对天然水、地下水和海水的抗腐蚀性能较差，常引起水泥石强度降低，以致完全破坏。

3）水泥添加剂的作用与种类

（1）水泥添加剂的作用

凡是加入水泥浆液中能够明显改善水泥的流动性，或改变水泥初凝、终凝时间，或提高水泥的强度，或节约水泥用量的化学药剂称为水泥添加剂。

钻探施工中，常遇到地层的坍塌、漏失、破碎掉块等复杂问题，需要用水泥进行护壁堵漏。但是，由于普通水泥早期强度低、凝结时间过长、浆液流动性差，就需要使用水泥添加剂来改善和调整各种水泥性能，如需要提高早期强度宜用早强剂；需缩短凝结时间，则用速凝剂；若改善流动性，要用减阻剂等。

（2）水泥添加剂的种类

①按功用分类

a. 调节水泥凝结硬化速度的速凝剂和缓凝剂；

b. 供使水泥早期强度提高的早强剂；

c. 降低水灰比、改善浆液流动性能的减阻剂或减水剂、稀释剂；

d. 减少浆液的析水和失水的降失水剂；

e. 降低水泥浆相对密度的减轻剂；

f. 增强水泥与岩层黏结强度的膨胀剂；

j. 防止浆液流失的堵漏剂等。

②按化学成分分类

a. 无机化合物类包括各种无机盐类，一些金属单质，少量氧化物和氢氧化物等。这类物质大多用早强剂、速凝剂等。

b. 有机物类这类物质很多。其中大部分属于表面活性剂的范畴，有阴离子、阳离子、非离子型以及高分子型表面活性剂等。

表 2-21 为水泥添加剂的化学分类综合表。

4）水泥浆液的灌注与检查

采用水泥浆液进行护壁堵漏，应用一定的方法将它注入孔内，使其进入破碎岩层或漏失岩层的裂隙与孔洞中去，将破碎岩石胶结成有一定强度的整体，堵塞裂隙与溶洞等漏失通道。

向钻孔内灌注水泥浆或其他浆液的方法很多，通常有：水泵灌注法、管柱灌注法、提筒或灌注器灌注法、速效混合器灌注法等。

（1）水泵灌注法

水泵灌注法是用水泵将水泥浆泵入需要灌浆孔段的一种方法。这种方法的优点是操作方便，不需要特殊的灌浆工具设备，效率高。它适用于注浆量大的钻孔。并且可以进行高三灌浆，将浆液压入较小的地层孔隙和裂隙中去，以提高其堵塞和固结效果。此外，这种方法不受钻孔深度的限制，一次可泵送 50 多包水泥。

泵灌法也存在一些缺点，如水泥浆的水灰比要求严格控制，以保证水泥浆的流动性。其次是当水泥浆量太小时，无法采用此法，因为水泵腔和注浆管线的容积，几乎占了两包水泥的浆液，在这种情况下，很难保证灌注过程中水泥浆不被水稀释。另一个缺点是泵送速凝水泥浆液时，容易发生浆液凝固在钻杆，送水胶管和水泵中的严重事故。应当强调指出的是，水泥浆灌注成败的关键在于是否按规定的水灰比配浆，以及注入并内的水泥浆是否被水稀释。

表 2-21　为水泥添加剂的化学分类综合表

类型	类别 名称	分类	外加剂	作用
无机化合物	无机电解质盐类	Ⅰ价金属强酸盐	LiCl、Li₃SO₄、NaCl、KNO₃、KCl、K₂SO₄、Na₂SO₄、NaNO₃、NaNO₂	调凝剂(速凝、缓凝)
		Ⅰ价金属弱酸盐	Na₂CO₃、Na₂SO₃、Na₂PO₄、Na₂B₄O₇、Na₂P₂O₇、K₂P₂O₇、NaBO₃	调凝剂(速凝、缓凝)
		Ⅱ价金属强酸盐	CaCl₃、MgCl₂、CaI₂、CaF₂、Ca(OH)₂、Ca(NO₃)₂、BaCl₂、SrCl₂、Ba(NO₃)₂、CaSO₄、CaSO₄·2H₂O、MgSO₄、PbSO₄、ZnSO₄、ZnCl₂、Z₅(NO₃)₂	调凝剂(速凝、缓凝)、早强剂
		Ⅱ价金属弱酸盐	Ca(CH₃COO)₂、CaCO₃、ZnCO₃、Zn(BO₃)₂、Ca₂P₂O₇	调凝剂(速凝、缓凝)
		Ⅲ价金属强酸盐	Al₂(SO₄)₃	调凝剂、早强剂
	金属氢氧化物		NaOH、KOH、Ca(OH)₂、Mg(OH)₂、Al(OH)₃、Fe(OH)₃	调凝剂、早强剂
	金属氧化物		CaO·(CaO + Al₂SO₃ + CaSO₄) C₃A + CaSO₄　矾土水泥 + CaSO₄	膨胀剂
			ZnO　PbO　CdO	缓凝剂
	轻金属		Al 粉　　Mg 粉	加气剂
有机化合物外加剂	表面活性剂	阴离子表面活性剂	水质素磺酸盐类、多环芳香族磺酸盐类、羟基、羧基酸盐类 多羟基碳水化合物及其盐类 水溶性密胺树脂、烷基苯磺酸盐类	调凝剂 分散(减阻)剂 引气剂
		阳离子表面活性剂	三甲烷基二甲二烷基胺盐、杂环胺盐	调凝剂、分散剂、降失水剂
		非离子表面活性剂	多元醇化合物、含氧有机酸、聚乙烯吡咯烷酮、醇胺	早强剂、降失水剂、调凝剂
各种有机化合物及其复盐	高分子化合物	纤维素化合物类	羧甲基纤维素、磺化羧甲基纤维素 羟乙基纤维素、其他纤维素衍生物	降失水剂 缓凝剂
		各种醇、酯酚及其衍生物	烷基磷酸盐 硼酯	消泡剂 引气剂
		皂类化合物	松香皂热聚物	泡沫稳定剂
		硬酯酸盐、油酸盐	硬酯酸钙、硬酯酸锌、硬酯酸铵、油酸钙、油酸铵	
无机、有机化合物复合外加剂			酒石酸 + 硼化物　　聚胺 + 木质素磺酸盐 纤维素化合物 + 硼化合物 氯化钙 + 水溶性密胺树脂	高温缓凝剂 高温降失水剂 促凝早强减阻剂

目前各施工现场在灌注水泥浆时，多采用较小的水灰比（0.4~0.5）外加减水剂和早强剂，甚至速凝剂，效果甚好。克服了水泥浆长期不凝固，强度太低等不正常现象。为预防水泥浆被水稀释，注浆时，钻具一定要下到需要灌注的孔段。还要依据钻孔中的水位，按注浆管内外压力平衡的原理，计算好注浆后替浆用的清水或泥浆量。它不仅是为了清洗水泵、管线和钻杆，更重要的是靠其液柱压力将水泥浆压至注浆位置而不被稀释。

粗略计算的方法是每包水泥（50kg）按 0.4 水灰比计算，约可配成相对密度为 2.0 的水泥浆 35L（未包括地表损耗量约 5%~10%）；φ50mm 钻杆内容积为 1.2L/m（φ42mm 钻杆为 0.8L/m）；地面管线（包括吸水管、排水管、泵、机上钻杆等）容积一般为 65~80L。例如一次泵送 10 包水泥浆共得 350L（未计损耗），当水泥浆全部抽完后进入钻杆内的长度为：

$$（350-65）\div 1.2=240（m）$$

若灌注孔深为 260m，则水泥浆前锋离孔底还差 20m，如果此时把整个钻具提离孔底，则水泥浆就会被孔内水所稀释。为防止水泥浆被稀释，就需要压水替浆，即将莲蓬头搬到定量水箱内，将定量水压入钻杆柱内，压入水量可以等于孔内静止水位到孔底之间钻杆长度内的容积，并加上地面管线内容积的量。如上例中，灌注孔深 260m，若静水位离孔口 220m，则静水位离孔底是 40m。

$$压水量＝（40\times1.2）＋65＝113（L）$$

注浆、替浆压水后，卸开机上钻杆，让钻杆内外液面自动平衡稳定之后，即可提升钻具。若需要冲洗钻杆，必须将钻杆提升至水泥面以上 10~15m 后再开泵冲洗，否则洗钻杆的水也可能把一部分水泥浆稀释。

（2）管柱灌注法

当钻孔漏水，而地下水位又很低的情况下，可用管柱法灌注水泥浆液堵漏。其特点是利用管柱内水泥浆的自重，将水泥压入漏失层位的孔隙或裂隙内进行胶结堵漏。如果漏失地层地下水的流速很高，而且钻孔超径现象（溶洞）严重时，为了限制水泥浆大量流失，控制水泥浆的扩散范围，可采用布袋灌注水泥浆的方法，如图 2-45、图 2-46 所示。

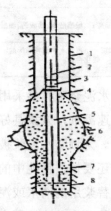

图 2-45 布袋灌注水泥示意图

1-钻孔；2-钻杆；3-正反接头；4-布袋；

5-带孔眼的钻杆；6-溶洞；7-水泥浆；8-堵塞物

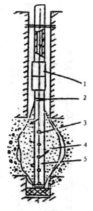

图 2-46　帆布袋注水泥法
1-正反钻杆接手；2-夹子；3-帆布袋；
4-漏失带；5-带孔钻杆器灌注法

（3）灌注器灌注法

当钻孔较深，孔内水位较高，水灰比较小或加有填充物而灌浆量又不大时，可用灌注器灌注法。灌注器种类很多，但大部分为活塞式。注浆时，将水泥浆装入盛浆管内，然后将灌注器用钻杆下至漏失层位后，开动水泵送水，利用水压将灌注器排浆阀打开，水泥浆则自动流入孔内需要灌注的部位。

水压活塞式灌注器种类虽然较多，但原理却基本相同，图 2-47 为其中的一种。由其结构可知，滑动接头 2 与盛浆筒 4 连接，盛浆筒可沿活塞上下移动，注浆时开动水泵，则高压水经钻杆进入活塞上部的盛浆筒内，推动盛浆筒向上移动，当泵压超过一定值时，剪断阀门 8 上的销钉 9，于是阀门被打开，水泥浆从盛浆筒内被活塞挤出。

（4）速效混合器灌注法

速效混合液具有速凝的特点，故要求混合器下入孔内应该灌浆的孔段，能使水泥浆与速凝剂按一定比例在孔内混合后，注入地层的破碎带或孔隙、裂隙中速凝胶结。灌注器如图 2-48 所示；外管 4 上下两端分别与异径接头 1 和下接头 9 相连接，内管 5 的上端用定中帽 3 定位，下端通过下异径接头 6 与分流接头 7 连接，分流接头上有六个直径为 11.5mm 的通孔作为水泥浆液的通道，分流接头下端与下接头 9 连接；二阶木塞 10 将下接头及可换垫圈 8 的通孔堵塞，可换垫圈有不同中心孔径，以用于调节水泥浆与速凝剂的混合比例。灌注时，内管中装速凝剂，外管与内管的环状空间盛水泥浆。混合器用钻杆下入需灌注孔段后，开泵送水。水压达到一定值后，二阶木塞被压脱，水泥浆和速凝剂同时被水压出，按一定比例在孔内混合。

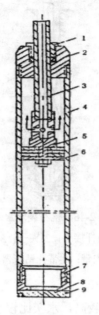

图 2-47　水压活塞式灌注器

1-压盖；2-滑动异径接头；3-钻杆；4-盛浆筒；

5-分水接头；6-活塞；7-接头；8-阀门；9-销钉

图 2-48　活塞式速效混合器

1-异径接头；2-定中帽；3-活塞；4-外管；5-内管；

6-下异径接头；7-分流接头；8-可换垫圈；9-下接头；10-二阶木塞

（5）干料投入法

钻孔内无论其是否发生漏水，绝大多数钻孔中都有充填水，因而水泥浆经常被稀释而长期不能凝固。为此，有些队曾采用干料投入法，即将干料或水泥球投入钻孔内后，用钻具下入搅拌挤压，使混凝物进入需要胶结与堵塞的裂隙、溶洞中去速凝。这种方法只适用于直孔的浅孔段。

①料投入法这种方法曾用于速效混合液，它是按水泥和速凝剂的比例，分别装入特制的无缝软聚氯乙烯塑料薄管内，然后投入孔内，下钻具搅拌均匀后提钻候凝。每次投入塑料管长度不超过 3~4m。如果钻孔的漏失层位较厚，可分几次投入。

②水泥球投入法此法是在水泥中选掺和少量的水并做成水泥球，停放一定时间，待水泥球初步变硬，不致在投入时被水冲散时即可由孔口投入，再下入钻具挤压，捣实，使水泥进入裂隙中去。每次投球量以钻具能将其捣碎拌匀为原则。

4.孔内事故的预防与处理

1）孔内事故处理的基本方法

孔内事故的处理方法，是根据事故的性质类型，事故钻具在孔内受阻情况，事故钻具断头的形状和隐蔽情况以及地层情况等具体条件而决定。由于这些条件错综复杂，因之处理方法也是多种多样，运用起来更是千变万化，但基本方法归纳起来，可以概括如下。

（1）捞

用丝锥或打捞钩将孔内事故钻具套接在一起，而后把事故钻具整体打捞上来。如果孔内事故钻具已经与孔上钻具脱节，断头隐没在孔内，而且事故钻具在孔内受阻不太严重，可以整体打捞上来的事故，一般多用此法处理。

（2）拉

利用钻机的升降机对卡、埋事故钻具进行强行提拉，以排除事故的一种简易处理方发生卡、埋钻具事故后，一般先用此法处理，可在较短时间内，使事故得到迅速排如果孔内阻力较大，用单绳提拉无效时，改换复式滑轮组，用多股钢绳提拉，以增大提升能力，争取在较短时间内把事故钻具拉上来。使用此方法时，应掌握的要点是：第一，总拉力必须在提升设备的安全负荷允许范围内；第二，拉的时候要上下活动着拉，不宜死拉，否则越拉越死，会导致事故恶化。

（3）震

采用吊锤或振动器，对卡钻事故钻具进行上下冲击或震动，使挤卡物松动，以减小攀敬钻具被卡阻力，是解除事故的一种常用方法。在浅孔中采用效果较好。吊锤的规格有到 50kg、75kg 和 100kg 三种类型，规格越大，对事故钻具的冲击力就越大，处理效果也就越好。

（4）冲

采用加大泵量泵压，对事故钻具四周的沉积岩屑进行强力冲洗，以排除或使其呈悬浮状态，从而使钻具可以活动以解除事故，一般多用于埋钻事故的处理，方法有两种：一是从事故钻具内压入泥浆，迫使其从钻具底部沿粗径钻具与孔壁间的环状间隙上返，以排除沉淀的岩屑；二是从事故钻具外侧下入一套钻杆，加大泵量泵压，强力冲洗。无论发生何种事故，只要能开泵，都要保持泥浆循环，严禁停泵，以利于事故的处理。

（5）扫

当事故钻具在某一孔段范围内能回转或能上、下活动，超出此范围便不能活动的事故，可以采用开车往上扫或往下扫的方法，将障碍物扫碎或扫活而解除事故，如果预先在岩心管异径接头镶焊有硬质合金片，则效果更好。

（6）顶

采用千斤顶通过卡瓦夹紧事故钻具进行强力起拔的处理方法。千斤顶起拔是一种静力作用，顶时用力不要过猛，上顶速度不宜过快，每顶起100~200mm，要暂停一段时间，让作用力充分传递到事故钻具底部受阻部位然后再顶，防止把钻杆顶断。千斤顶是处理孔内事故的专用设备，按其形式可分为丝扣千斤顶和油压千斤顶两类。前者是利用丝扣旋转的力量强力起拔事故钻具，后者是通过油泵利用油压千斤顶具有劳动强度低、操作安全可靠、起拔能力强等优点。

（7）反、割、炸

当孔内事故阻力较大，需要进行分段解脱处理时，可采取以下三种不同的处理方法。

①反

利用反丝钻杆和反丝丝锥下入孔内，对事故钻具断头进行套扣对接，而后从岩心管异径接头处或是从预计反脱位置把钻杆全部反回，然后再用其他方法处理粗径钻具。由于钻杆接头在孔内位置不同，越靠下部，所受压力越大，就越难反脱。在钻杆柱中部某点，其所受压力和拉力正好互相平衡称为中和点，此点所受压力和拉力最小，反钻杆时，最容易从此处反脱，因此，在反钻杆时，可以利用中和点原理，通过计算，控制压力，从钻杆预计反脱位置或下部钻杆反脱。

②割

采用割管器，将事故钻具在预计位置上割断取出，从而对事故钻具进行分段处理，其优点是割点比较准确、可靠，能有把握地将事故钻具按计划分别割断取出，处理效果较好。

割管方法，可分为管内切割法和管外切割法两种，割管器由于种类甚多，常用的有离心割刀、偏心割刀和水压割管器等，各有不同特点，可根据具体情况选择使用。

③炸

采用爆炸力排除孔内障碍的一种特殊处理方法，根据孔内事故情况和目的要求设计各种不同的爆破器，下入孔内预计位置，用电力起爆，进行孔内爆破，以达到煮稼事故的要求。用爆破法排除孔内各种障碍，在水文地质钻探中应用较广，可以用来消灭孔内残留的事故钻具，和掉入孔内的钻头及其他小物件；消除孔内事故障碍物；排除孔雇卡钻的探头石或岩块；利用爆破震松挤埋物起拔套管；在基岩裸孔中利用爆破增大钻孔进水量，以及用爆破法来炸断事故钻具等。

用爆破法处理孔内事故钻具的方法，是将爆破器从事故钻具内下入到预计位置，从而咬钻具在此处炸断，以达到排除事故。此法在孔深 200m 以上使用，一般都能收到较好效畏；在超过 200m 的深孔使用时，则要特别强调爆破器的强度和密封性能良好，不允许有长参入爆破器内，并且必须选用防水性能好，威力大的炸药，才能收到良好的效果。此方去具有与"割管法"相同的优点，但在使用时，必须加强对爆破器材的管理，爆破作业和毅作应由爆破工负责进行，并且要严格执行爆破作业安全操作规程，以防意外事故发生。在分段解脱处理方法中，"反"是常用方法，沿用已久，但缺点较多，操作复杂，劳动强度大，也不够安全，如果掌握不好，容易发生"找不到头"和"多头事故"，有时甚至会发生人身事故，而且，在反钻杆时，反脱处难于控制，虽有"中和点反钻杆法"，但目前尚未能准确掌握，还很难按计划要求从计划反脱处一次反掉。为此，近来已有不少单位，采用"割"和"炸"来代替"反"的方法，收到较好效果。

（8）扩

事故钻具在孔内只剩粗径钻具的情况下，可采用比事故钻具大两级的岩心管进行扩孔或扫孔的方法，以清除事故钻具四周的障碍物，把事故钻具套入岩心管内，再用卡取岩心的方法卡牢捞出，或用丝锥套扣捞取。在松软地层中，此法用得较多，效果也较好，有时孔内还最后剩几根钻杆因四周沉淀有障碍物反不上来时，也可以采用长岩心管扩孔方法，把钻杆四周的沉淀物清除后，再行反脱捞出。

（9）透

在处理基岩孔事故中，如果钻杆已全部反出，可采用与孔内事故钻具相同的特殊钻头，将粗径钻具的异径接头磨掉，然后改用小两级的钻具在事故钻具内掏心钻进，由于钻进过程中钻具回转对事故钻具的敲打震击和冲洗液的冲洗作用，将事故钻具四周的障碍物排除或松动，即可把事故钻具打捞上来。

（10）劈

孔内事故钻具在只剩下粗径钻具的情况下，也可以用与粗径钻具同径的密集式合金钻头，将事故钻具纵向劈开，然后用岩心管将其套取上来，此法多用在基岩孔中，有时在松软地层中用扩孔的方法套不进事故钻具时，也可用此法处理，但应防止把孔扫斜。以上仅介绍了钻孔事故处理的一些基本方法，在应用时可根据事故的具体情况选择，没有必要把所有方法按部就班地逐条试用。水文地质钻探，由于口径大，地层松软，事故阻力都比较大，根据多年生产实践经验证明发生事故后，如果用"拉"和"冲"方法处理无效后，用其他方法处理，也很难取得效果，应及时决定采用分段解脱法处理，在松软地层中可采用"扩"的方法，在基岩中则采用"透"的方法处理，可以少走弯路，缩短处理时间。

2）卡钻事故

（1）事故预兆和症状判断

孔内钻具局部受阻，迫使钻具不能回转。提升和下降，有时，虽尚能在一定范围内提升或下降，但超出此范围仍不能提动，但冲洗液尚能循环或保持局部循环，这类事故通称为卡钻事故。

钻具在孔内工作过程中，如发现以下现象，说明已隐伏着卡钻危机，可视为卡钻前的预兆，应采取措施预防。

①钻具回转有滞涩、憋劲感觉，提动不顺，下放钻具时；常有"搁浅"现象。

②岩心破碎，取粉管内常带有较大的岩块。

③钻具回转阻力、响声和钻机传动皮带的跳动等情况很不正常，忽高忽低。

④卡钻还常以两种形式出现，一为孔壁掉块、探头石以及从孔外掉入物件而成卡钻被卡部位多在粗径钻具异径接头处；另一种为钢粒卡钻，被卡部位在粗径钻具孔段内。

（2）处理方法

①简易处理法

a．探头石卡钻

其症状为钻具能回转，并能向下活动，只是往上提动至探头石位置时，钻具即受阻，不能通过。轻微的探头石卡钻事故，只需活动钻具往上扫，即可将其扫碎或把其挤入孔壁而解卡，如果岩心管异径接头上镶有硬质合金片，则用此法处理时，效果更好。

b．孔壁掉块或孔外掉物卡钻

事故发生后，不要急躁，切忌猛力死拉，防止将钻具拉死，可用牙钳转动钻具，并用升降机上下串动钻具，边活动，边提拉，以便将卡钻物调顺或串动而解卡，因此，当钻具接起一定高度后，要回放下去，如此操作，反复进行，使钻具上下通顺后，即可处理上来。

②震击法处理

卡钻比较严重，用简易方法处理无效时、可用震击法处理。

a．用吊锤处理

如果被卡部位较浅，用吊锤冲打，效果较好，往上打时，事故钻具必须绷紧，下打时，则须放松，才能充分发挥打的作用。打时，冲程越高，吊锤越重果越好。钢粒卡钻，用此法处理，往往可收到良好效果。

b．用孔内震动器处理

如栗钻具被卡部部位软深时，用吊锤击打，震击力到达被卡处时，力量已很微弱，难于生效，可采用孔内震动器处理。

③用分段解脱法处理

a．首先将事故钻具在被卡处用反钻杆的方法（或者用割、炸等方法）把钻杆全部反出后，再处理粗径钻具。

b．处理粗径钻具在卡钻事故采用分段解脱后，孔内只剩粗径钻具时，可分"扫、透"等方法处理。

孔壁掉块或探头石卡钻，钻具被卡部位，一般都在岩心管异径接头处，可用和钻孔同径的合金钻头，下至钻具被卡处扫孔，将挤卡物扫碎后，即可用丝锥捞取，或用岩心管套取上来。

钢粒卡钻，可先用与事故钻具同径的合金钻头将事故钻具异径接头扫通，然后再用比事故钻具小 1~2 级的钻头，从事故钻具内往下掏心钻进，借助于钻进过程中钻具对事故钻机的碰击、敲打、震动和冲洗液的冲刷，使钢粒松动或被排走而解卡，把事故钻具处理上来。

3）夹钻、烧钻、埋钻事故的处理

（1）事故的预兆及判断

①夹钻由于钻孔缩径、钻头肋骨过度磨损、换用粗径钻具时外径过大，或其他的原因，导致粗径钻具被孔壁环抱挤夹，迫使钻具不能回转，不能提动，以及冲洗液循环中断，均称为夹钻事故。

钻具在孔内工作过程中，有以下现象出现时，一般可作为夹钻前的预兆判断，要及时采取应变措施，迅速消除异状。

a. 提、下钻时，管壁有摩擦阻力感觉，需增加提升能力或加快下降速度，有时还需上下串动钻具，方可通过，下钻时，钢丝绳还有松弛的感觉。

b. 泵压升高、泵量变小，冲洗液上升有线流现象，时有憋泵或循环中断的趋势。

②烧钻钻头在孔底工作时，由于冲洗液循环中断、中途"短路"漏失；钻头底、外赴刃太小，冲洗液循环不畅，或转速太快长时间不活动钻具，以及取心干钻时间过长等原因导致钻头回转时得不到正常冷却而产生高温，将钻头与孔壁烧结在一起，称做烧钻事故。

钻头在钻进过程中，出现以下现象时，可作为烧钻前的预兆判断。

a. 钻具回转时，孔底阻力很大，提动钻具困难。

b. 严重憋泵，冲洗液不能循环。

c. 冲洗液循环正常，甚至泵压有所降低，但钻具回转时，孔底阻力很大，这是冲洗蔽中途"短路"漏失、孔底缺循环水的象征。

③埋钻由于孔壁坍塌物或岩屑、钻粒粉、以及泥浆中的固相沉淀物等，将孔内粗径钻具外围环状空隙填满，甚至超出顶部，将钻具埋于孔底，因而孔内循环通道被严重堵塞，冲洗液不能循环，钻具被迫不能转动，称为埋钻事故。

粗径钻具在孔内工作过程中，出现以下现象，可作为埋钻前预兆判断：

a. 钻进或扩孔时，粗径钻具外围阻力很大，机器运转吃力，响声缓慢低沉，活动钻具时感到紧滞。

b. 钻具下放时不易到底，并有缓慢下沉的感觉，开泵冲孔后，可以缓慢下降到孔底。

c. 冲洗液上返速度变慢，含砂量增多，黏度增大，时有憋泵或断流现象，开泵困难，甚至开不开泵。

（2）处理方法

①简易处理法

此类事故的特点是，孔内循环通路被堵塞，冲洗液不能循环。如果在钻进过程中能细心观察分析，发现预兆后能及时采取措施，把钻具提起，加大泵量，反复扫孔排渣，事故是可以避免的，即使发生孔内事故，也能及时发现，不使事故发展到严重地步，用一般简易的处理方法，即可排除。

a. 换上复式滑车，用升降机串动钻具，提拉处理。迫使粗径钻具稍有松动后，可强迫开车，边串动钻具，边往上扫，以扩大缩径处孔径，在事故不太严重的情况下，可迅速排除。

b. 在串动钻具提拉的同时，要设法尽力恢复孔内冲洗液的循环，可加大泵量泵压，强迫开泵，配合强力串动钻具以比较大的泵压顶松事故钻具外围的沉积物，恢复冲洗液循环，逐步扩大效果，把沉积物排出，或使其处于悬浮状态，即可把事故处理上来。

c. 上述处理事故钻具方法无效时，可另下入一套规格较小的钻杆，开泵冲孔，把孔内沉积物排出，并配合升降机串动钻具，提拉处理。

②分段解脱处理法

由于水文地质钻孔口径大，钻且粗，加之所钻地层复杂，发生埋钻事故后，一般孔内阻力都很大，用上述方法处理无效后，要当机立断，采用分段解脱处理法处理。

a. 首先将钻杆从岩心管异径接头处全部处理上来。采用"割或炸"的方法要比用"反"，的方法所需时间少些。同时对事故钻具解脱点也便于独制，还可避免反钻杆时发生多处反脱事故，因此，在实际事故处理中，大都乐于采用。

b. 处理粗径事故钻具

当事故钻杆已全部捞出，即可着手处理粗径钻具，首先要设法扫除其外围障碍物，然后再把事故钻具打捞上来。如果事故发生在松软地层钻孔中，可用扩孔方法处理，效果较好也比较经济，还可以结合扩孔成井工序进行，事故排除后，不须另行扩孔，即可成井。如果事故是在基岩孔中，扩孔困难，宜采用"透或劈"的方法处理。现分别介绍如下。

扩孔处理法先采用普通扩孔钻头，按正常的扩孔工艺进行，待扩至接近事故钻具处时，要加大泵量大力冲孔。并换用慢速扩孔，边扩边活动钻具，以便将事故钻具套入岩心管内，凭操作感觉，开始有些整车，钻头有碰铁的感觉和响声，经过上、下活动钻具，往下试探、试套、试扩一段时间后，上述现象消失，机器运转和声音正常，下扩顺利，进速正常，可以认为是事故钻具已被套入岩心管内，即可往下扩，直至扩到超过事故钻具底部后，用采岩心方法，从钻杆内投入卡石，卡取事故钻具。或预先在扩孔岩心管内顶部异径接头处，装入丝锥，当岩心管长度扩完，丝锥碰到事故钻具断头，亦可将其锥取上来。

采用扩孔方法处理事故，有时靠近粗径钻具的最后一根钻杆返不上来，也可加长岩心管，用扩孔的方法，将钻杆连同粗径钻具一起套取上来。

透孔处理和劈开法先用与粗径钻具同径的合金密集式钻头，将异径接头钻通，然若用比事故钻具小 1~2 级的钻具，从事故钻具内下入，往下掏心钻进，在钻进过程中，三于钻进时钻具对事故钻具的不断冲击和震动以及冲洗液的冲刷，可松动事故钻具，再用丝锥锥取，或下岩心管投卡石卡取。

如果事故比较严重，用透孔方法处理无效者，可采用与事故钻具同径的无水口合金密集式钻头，将事故钻具从上到下，纵向劈开，然后，再下入岩心管，将劈开的事故钻具套取上来。

4）孔内失落物的处理

根据失落物体的形状、大小不同，处理方法也不同，常用的有以下几种方法。

（1）失落物在孔内直立，端部为圆柱状，其直径与常规钻具近似者，如岩心管异径接头，无帽提引器等物，可用相应规格的丝锥捞取。

（2）形状不规则，直径较钻孔小的失落物，如铁锤、螺帽等，一般可用抓筒打捞，抓筒是用薄壁岩心管做成，下部割成抓齿状，与钻杆连接，下入孔内，慢慢转动，将失落物套入抓筒内后，对钻具加压，使抓齿向内卷曲，即可将失落物抓捞上来。

（3）失落物形状较大，跨度较长者，如转盘的卡瓦、牙钳等物，可用与钻孔同径的合金密集式钻头，下去连扫带套，将失落物扫掉一部分后，使其套入岩心管内，用采岩心干钻的方法，将其捞取上来。

（4）用以上的方法处理均无效者，可下入炸药包，直接落在失落物上，进行孔下爆破，将失落物炸碎或挤入孔壁，事故即可排除。

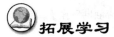拓展学习

1.水文地质钻探机场的安全防护设施

为了保证安全，野外施工的机台必须有一定的安全设施。这些安全设施至少应包括以下内容：

（1）避雷装置；

（2）钻塔绷绳；

（3）天车挡板；

（4）天车保险绳；

（5）水龙头导向器；

（6）塔上工作台的防护栏杆；

（7）泥浆防喷罩；

（8）过卷扬防护装置；

（9）机场内的地板；

（10）活动工作台的围栏及防冲防坠装置；

（11）电气设备的漏电保护、短路保护、过载保护设施；

（12）外露传动带的防护罩；

（13）防火、防冻、防洪设施等；

（14）季节性、地区性的特殊安全防护设施；

（15）机场照明。

2.机场安全用电与防火

1）钻探机场安全用电须知

水文地质钻探机场一般用 220V 和 380V 电压，在操作中必须遵守以下几点：

（1）操作电器应有保护工具。根据需要应配备绝缘棒、橡皮手套、绝缘鞋、橡皮垫、绝缘台、可移动接地装置、警告牌和保护眼镜等。

（2）任何电器设备在未经检查和证明无电之前，应一律认为有电，同时非电工人员禁止在电器上做有电无电试验。

（3）打雷时不许用手摸避雷针引下线，不要接触电线和变压器，尽量不使用电话。不准用潮湿的手去接触电源开关和电器。

（4）电路及电器设备应经常检修。

（5）导线接头处或拆开的电线，须立即用绝缘胶布包扎好。

（6）保险丝的规格，不要随便更换，尤其是不能用粗铁丝或铜丝来代替。

（7）水文地质钻探机场电灯应采用防水灯头。

（8）电线及电器上不允许放置物品，如衣服工具、雨具等以防连电。

（9）必须保护电器设备干燥，自然通风良好，周围清洁卫生，接线正确，绝缘良好，各部连接螺栓紧固。

（10）"临时性"的变压器可放置地面，但周围必须有防护栏杆。长期固定的变压

器应架设在地面2.5m以上。凡有危险的电器设备地方应挂"小心触电"牌子。雨天不能直接操作。

（11）各种供电线路，必须安装整齐，固定牢靠、绝缘良好。

（12）钻塔安装距离高压输电线距离不得小于30m。

（13）遇雷电暴雨天气和漏电原因不明时，应立即拉开电闸开关。

（14）合闸送电前要先打招呼。

2）防火措施

（1）订立防火措施使全机工作人员掌握灭火技术以及防火器材和工具的使用。

（2）机场内必须配有灭火器2~4个和砂箱、锹、桶等灭火用具，并不准移作他用。

（3）在林区和草原地区施工时，应按该区防火有关规定采取防火措施。处于丛林杂草地区的机场，其场房周围的杂草、灌木要除净，防火道的宽度不得小于5m。

（4）机场内取暖火炉，必须离场房顶、壁板、塔布有适当的距离。炉座必须有砖石或隔热板，以防烤燃地板。还要注意火炉的燃烧情况。禁用油料助燃，未熄灭的炉灰不得随意乱倒。

（5）内燃机的排气管和取暖炉的烟囱，要考虑季节风向，在合适的侧面伸出场房外0.5m以上，与场房接触处要垫好隔热板。

（6）在塔上工作人员禁止吸烟，在场房内吸烟也不准乱丢烟蒂，以防引起火灾。

（7）机场内严禁用明火照明。

（8）机场内的油料和其他易燃品，必须妥善存放，严禁烟火靠近。预热油料应用热长，严禁用明火预热油料和烘烤内燃机机体及底壳内的润滑油。

（9）钻进有天然或瓦斯气的钻孔时，机场内要消除一切可能引起火灾的火种。

5.水文地质钻孔孔内试验操作

1）止水

（1）黏土球围填止水

利用黏土球止水既经济，效果又好。适用于松散地层大口径填砾成井钻孔、抽水试验钻孔、长期观测钻孔。

黏土球围填止水时应注意的事项：

①填砾后，使用提筒或活塞提拉洗井方法和提水，待砾料沉实后，再进行黏土球围填止水。

②黏土球（黏土加钢粒制成）必须揉实、风干，投入速度不宜过快，以防中途堵塞，并以大小不同直径的黏土球混杂投入，以缩小黏土之间的空隙。在投的过程中经常测量孔深如发现中间架桥，以便及时处理，投完黏土球后，再投入1~2m黏土碎块，以使其遇水溶化后充填在黏土球间隙中，增强止水效果。

（2）托盘止水

适用于在钻进过程中分层观测水位或分层抽水试验的临时性止水工作。一般有两种类型：一种为上托盘止水法，即止水物包缠在托盘下面，托盘压挤止水物达到止水目的；一种为下托盘止水法，止水物投于托盘上部，利用冲捣工具压实止水物，达到止水目的。

（3）套管下塞（木塞）止水法

首先将止水部位下部堵死（或称架桥），然后向孔内送止水物，压实后再下入底部带有木塞的止水套管，将止水物压挤在环状间隙内，达到止水目的。止水物可用黏土、桐油石灰或泥浆等。从孔口投入，或采用专用工具送入或泵入。止水工作结束后，再钻透木塞进行下一步工作。

（4）压力水泥灌浆止水

压力灌浆止水是在灌入水泥浆后给予一定压力，使水泥浆压入套管与孔壁之间的环状间隙，使一部分渗入非目的含水层内，以达到止水目的。

压力灌浆方法适用于有特殊要求的钻孔或含水层的压力较高，要求对上部含水层做永久性的封闭。灌浆时间可在未钻穿目的层前，或钻穿目的层后均可进行灌浆工作。灌浆水泥要求采用高标号水泥（一般为 425 号）新鲜水泥或加水泥添加剂，其水灰比为 0.3~0.5:1，采用普通水泥时为了早期凝固可适当的加入化学药剂。

（5）止水操作注意事项

①根据岩层特性和电测井资料，准确掌握隔水层厚度与深度。有条件时应尽量测得止水位置的钻孔直径后，再确定止水方法、止水物的类型、直径、长度及数量等。

②水止位置应选择在隔水性能较好，能准确分层，孔径较规整的层位和孔段，隔水层厚度一般不得小于 5m。

③止水管（器）下入孔内前，应先探孔和排除孔内障阻（可钻一个小孔，使较大岩屑落入孔内，便于捞取岩屑），以保证不致因杂物混入止水器而影响止水质量。

④采用支撑管式或提拉压缩式等方法止水时，应先在地表对止水器做密封性能试验。检查各部分性能及连结情况，当确认符合要求时方可下入孔内使用。

⑤下入孔内的管材应准确丈量记录，以使止水器能准确地放在止水位置。

⑥止水套管的所有连接处，必须密封，可用缠棉丝、涂油或沥青等封严，以防止圣头漏水。在临时性止水时，为便于起拔套管，必须在止水物上部环状间隙内灌满优质泥浆，再将孔口封严，以免从孔口掉入杂物。

⑦下套管时，操作应平稳、套管上带有止水物时，严禁上下串动，若中途遇阻，可将止水套管提出孔口，查明原因和排除后再下入孔内。

⑧异径止水时，套管应坐落在完整岩石上，如无台阶或破碎地层同径止水时，套管应在孔口夹牢，以防止套管下滑或坠落。凡是不需起拔套管的钻孔，止水物上部必须进行围填到孔口为止。止水器从孔内起出后，应及时拆洗涂油，妥善保存。

2）简易水文地质观测

（1）观测水位

一般均采用水位测钟和电测水位计测量。

（2）钻孔中涌水现象的测量

钻进过程中承压水自孔口涌出（或喷出），应立即丈量机上余尺，停止钻进，提升钻具，进行涌水观测。

①涌水水头高度的测量

当含水层的水头高度不大时，可在孔口管上接套管，水头在套管内停止上升的静止水位（高出地面的距离）叫水头高度。

当含水层压力较大，用上述方法不能测得水头高度时，可把压力表安装在孔口管上，观察压力表上的指针读数，再经换算求出水头高度（一个大气压等于 10m 水柱高）。一般要求初见涌水的水头高度，在 30min 内，变化差不大于 2cm，连续观测一小时即结束。

②钻孔涌水量的测量

涌水量一般每 10min 观测一次，连续观测 1h 即可。常用的观测方法有：容器测量法、喷发高度测量法、三角堰测量法。这里介绍下容器测量法：

利用秒表和一定容积的容器来测量。将钻孔涌出的水全部引入容器、当水流入容器时开动秒表，水流满容器时停表。从秒表读出流满一定容器所需时间，换算出小时涌水量。此种多用于涌水量不大时。

3）抽水试验

（1）抽水试验程序

①洗井后观测静止水位。

②水位稳定后，试抽最大落程。

③观测恢复水位，至水位接近静止水位。

④根据抽水设计和试抽情况确定抽水试验的三个落程，由大到小（或由小到大）开始正式抽水试验，先抽最大落程，抽至设计的最大落程稳定若干小时。

⑤观测恢复水位，至水位静止。

⑥调整沉没比，抽第二个落程，至第二落程稳定规定的时间。观测恢复水位，至水位静止。再调整沉没比，按最小落程抽至稳定规定的时间。观测恢复水位，至水位静止。

⑦在抽水过程中做好规定的观测、取样、测定和记录工作。整理检查抽水资料，作水量与水位降深关系曲线，观察研究曲线是否符合地下水实际客观规律，如不符合，应立即找出原因，必要时，重新再抽，如符合，抽水试验宣告结束。

⑧作好撤除收尾工作。关于延续时间和落程间距的规定。

（2）抽水过程中的各项操作方法

①水位观测方法

运用水位观测计，将导线牵引的电极由观测管下入井内，当电极接触井内水面时，电流导通，电流表指针摆动，此时，观察导线上的记号，从电极下端至井口一标准点的距离，就是水位。

静止水位观测间隔时间为 1min、3min、5min、10min、15min、30min 依次进行，定后 30min 观测一次，至水位稳定。水位稳定要求是保持 2~3h，水位波动范围不翻 3cm。或是波动误差不超过落程的 1%为稳定。

恢复水位观测间隔时间依次为 1min、3min、5min、10min、15min 进行一次，直至位恢复到接近静止水位，并等待 30min 以上无变化时，可结束观测。

②确定抽水落程的方法

抽水落程一般由水文设计人员拟定，但到现场由于各种原因，需要根据实际情况硕当的调整。抽水最大落程一般设计是降深 10~12m，做第一次试抽时，应充分发挥设备的能力，适当调整柴油机的转速和风量，达到设计落程，如因出水量太大，降深达不甄词要求时，可以适当调整，将试抽的实际最大降深定为抽水试验最大落程，按照三落程稚间应当等距和最大间距不小于 1 m 的原则确定第一和最小落程。如因水量过小，也可根据实际情况适当加大抽水试验三落程。

③控制落程的方法

实际生产中的做法是一般先抽最大落程，抽最大落程时，不动沉没比，而是调整乒和柴油机转速，当调整到最大落程达到设计深度时（即观测动水位达到设计深度时）随即稳定柴油机转速和送风开关不动。

抽第二和第三落程时，柴油机转速和送风开关都不动，而是提拉风管，调整沉没当风管拉到一定的高度，测其水位使落程达到设计落程时，固定风管不动，这样操作较为省事。

④水量测量

a. 用量水桶（箱）测量出水量

当井内出水量很小时，可用量水桶（箱）测量出水量，事先做好标准的水桶（箱）或者用已知容积的桶（箱），承接从气水分离器排水管口流出的井水，用秒表精确地计，间，看装一桶或一箱需要若干时间，或者是在一定的时间内一共装满了多少桶（箱），换算成每秒钟多少升或24小时多少吨。

b. 当出水量较大时，测量出水量用量水堰，水堰可分为三角堰和梯形堰、矩形戈种，最常有的是三角堰，前以述及。下面介绍一下梯形堰。

梯形堰板的缺口为上宽下窄的反梯形，箱内应装消波隔板3~4块。

⑤取水样

抽水试验中，除求得钻孔的涌水量之外，还要取水样进行水质分析。在抽水试验过程中，一般可取两个水样，作为物理、化学和细菌分析。一个水样在第一次降深并稳定后采取。作简单分析时，水样应不少于1000mL，作全面分析时，水样不少于2000mL。取样前应将水样瓶用清水洗净，装入水样后应立即将瓶口用腊封闭。并写好标签贴在瓶上，标签上注明深度、日期、地点、水温、气温及取样人姓名等。

取水样用的取水器有虹吸取水器和定深取水器两种。

虹吸取水器为一铜制小筒，下端呈锥形，有小孔，上端接一长胶管，用绳下入井内。取样时，先将胶管上端折曲，使管内空气排出，然后将取水器沉入水下，松开胶管，使水吸入筒中，待水注满后再曲折胶管，即可提出取水样。

虹吸取水器适用于浅水位采取水样。

先用钢绳将下锤放入取水深度，圆筒上下有密封垫，圆筒到达下锤后即严密地套在下锤上。再沿钢绳将上塞下入，上塞到达圆筒上端后即将圆筒上口封闭。提出取水器即可取出预定深度的水样。

4）封孔

（1）黏土封孔方法

黏土因其颗粒分子的吸引作用和表面张力所产生的黏结力，而使其有一定的抗剪强度和不透水性，是最经济的封孔材料。但如长期受水浸蚀，黏土的强度和透水性能都会受到影响，因此，只可在封孔段为黏土层时使用。

采用优质黏土作为封孔材料，应先将黏土掺水搅拌后，搓成直径为30~40mm 的泥球或制成黏土柱，预先阴干，便于投入孔内。

泥球也可直接由孔口投送，泥柱可用岩心管投送，其方法是用一根 5m 左右长的岩心管下端接一废钻头，将泥球装入岩心管内，装满后，在钻头端部用旧布（或塑料布）及铁丝包扎牢固，下入孔内，用泵压将泥柱压入孔内，也可同时开车将泥柱甩出。泥球和泥柱均应逐段捣实。

（2）水泥封孔方法

①准备工作

a．根据封孔设计要求和封孔段地层情况，选用浆液类型，制订注入方法和措施。

b．进行小型试验，摸准水泥浆的合理配方，确定可泵期和候凝期。

c．准备好封孔材料，包括水、水泥及添加剂等的准备和质量的检查。水应采用洁净的淡水。如果发现水泥有结块现象，应过筛再用。对固体添加剂，应先从配浆水中拿出一部分水使之溶化、冷却。

d．对水泵的主要部件如缸套、活塞、活阀等要严格检查，严禁带病工作。

e．仔细检查每根钻杆的通水情况，高压胶管也要保证牢固畅。

f．整个封孔工作应在机长统一指挥下，明确岗位，各负其责，认真操作。

②水泥浆的配制

根据不同需要配制水泥净浆，水泥砂浆，胶质水泥浆、速凝水泥浆进行封孔。配制水泥浆的水应是不具酸性的淡水。搅拌水泥可用入力搅拌、机械搅拌或射流器搅拌。

③洗孔换浆

送入水泥浆前，应进行洗孔换浆，排出孔内岩屑，清洗孔壁上的泥皮，使送入的水泥浆能与孔壁很好的结合。

钻孔内地层稳定，应采取使用清水洗孔，一般应使用洗孔器冲洗孔壁泥皮，以提高洗孔效果；钻孔内地层不稳定坍塌较严重时，应采用钻杆送入稀泥浆洗孔，以减薄孔壁泥皮。

④隔防塞

为了使封闭位置准确，减少水泥浆的用量（或者需要把水泥浆与其他物质隔离时），需要下入隔离塞承托水泥浆。

⑤注送水泥浆的方法

a. 水泵注入法

利用水泵的压力，将水泥浆通过钻杆注送到孔内封闭段。这种方适用于封闭段较长，体积大，水灰比为 0.5~0.6 的净浆，操作方便，效率高。注浆前和注浆过程中应随时清理吸水底活门，吸、排浆的管路，防止堵塞，保持畅通。

注浆管下至接近封闭段底部，然后一面送浆灌注，一面向上提升注浆管，直到灌完为止，以避免稀释。

注浆完后，将钻具提到注浆面以上，送入适量清水，排出钻具内剩余水泥浆。然后将钻具提出孔外，清洗钻具和水泵。

b. 导管灌注法

借助导管（一般用钻杆）内外液面的高差和比重差及流动时的动能，用漏斗通过导管上储浆筒（储浆筒用岩心管制作，约 300~500mm 长），导管（钻杆）下至离封闭段底部 0.5~1 m 处，将水泥浆通过孔口上的漏斗注入储浆筒，经过导管流至封闭段。这种灌注效率较高，设备简单，操作方便，适用于水灰比为 0.4~0.5 的净浆和相对密度大的砂浆。

灌注前先开泵送水，导管畅通无阻后，再注入水泥浆。灌注过程中尽可能保持连续作业，以保证灌注质量均匀。

c. 注送器注送法

将封闭材料盛于专门的容器内，送至封闭段注入孔内。注送器的类型很多，现将常用的水泥活塞式注送器介绍如下：它适用于注送小体积，水灰比 0.4~0.5（甚至更小）的净浆和相对密度大的砂浆，由于裂隙岩层，深水位的钻孔更为适宜。

d. 孔内混合法

为了防止水泥浆在孔内未凝结前被水冲失、流散、稀释等使封孔失效，在破碎、坍塌、严重漏失或涌水地层中，可采用将速凝剂和普通水泥送入孔内，在孔内进行搅拌的孔内混合法封孔。这种方法是直接用孔内清水，作为配制水泥浆的水，钻孔作为搅拌容器，将普通水泥和速凝剂，按其比例分别装入隔水的软塑袋内，送入预定孔段，然后下入搅拌器，在孔内进行搅拌。

操作方法：先用清水洗孔替出泥浆。

塑料袋的直径应比实际钻孔直径小 20~30mm，每次投入塑料袋的长度一般以 3~4mm 为宜；可将钻孔内注满清水后直接投入，也可用测绳系一小钩钩住，送至水位以下，猛提而将小钩拉直，塑料袋脱离测绳，自行坠落。

在孔内搅拌时，必须控制在初凝期内完成，一般在 10~25min 内。

搅拌时，用升降机吊住搅拌器，慢转快扫，到达预定孔深后，用较快的转数搅拌 2~3min，然后用慢速从孔内提出搅拌器。

任务实施

1.能够掌握安全操作规范。

2.能够安全完成 250m 水井的钻进工作。

总结与评价

评价内容	评价指标	标准分	评分
安全意识	能否进行安全操作	20	
作业过程	操作熟练程度	20	
分配能力	分工是否明确	20	
团队协作	相互配合默契程度	20	
归纳总结	总结的是否齐全面	20	

项目 3

工程钻进

学习导入

本项目学习工程钻进，进行施工钻孔桩和分体喷射深层搅拌桩，了解事故的与预防和处理，并能正确选用钻孔所学的设备。

任务 1　施工钻孔桩

任务目标

1.掌握工程施工钻的应用领域；

2.掌握工程施工钻的主要设备；

3.掌握钻孔的冲洗与泥浆的材料及性能；

4.了解孔内事故的预防与处理；

5.能够对自己的工作做合理的评价总结。

任务描述

使用钻机在岩土中或人工构筑物上进行 1~2 个钻孔或挖槽。

任务内容

1.工程施工钻的应用领域

以形成通道或地下基础为目的，利用钻机在岩土中或人工构筑物上进行钻孔或挖槽的统称工程施工钻。

工程施工钻的应用领域相当广泛，目前已发展应用到国民经济建设的铁路、公路、港机场、水利水电、高层建筑、市政建设，以及地震监测和地质灾害治理等诸多方面，完成以下各类工程的施工：

（1）基础工程：包括各种钻孔桩、锚桩及地下连续墙等。

（2）注浆加固工程：包括建筑物纠偏、基础加固、路基沉降处理、水工建筑注浆及堵漏等。

（3）各种工程技术孔：包括各种实验孔、观测孔、安装孔、救援孔及地下坑道等。

2.工程施工钻主要设备及 GPS-15 型钻机

1）主要设备

用于工程施工钻的设备类型很多，应根据施工目的、地质条件及场地状况、钻进方法进行选择。近年来，我国先后研制，并相继投入工程使用的钻机主要有大口径转盘钻机、冲击反循环钻机、大直径长螺旋钻机、大型竖井钻机，以及潜水钻机、旋挖钻长和切槽机等类型。它们的应用为各类工程施工奠定了物质基础，也为各施工企业创造显著的经济效益和社会效益。

2）GPS-15型钻机及配套设备

（1）GPS-15 型工程钻机

①钻机的用途及特点

GPS-15 型钻机为滑撬底座组装式大口径水文水井转盘工程钻机。它是工程施工钻孔正、反循环回转钻进广泛使用的机型，适用于钻凿高层建筑、桥梁、港口基桩孔、大口径水井及其他工程施工 GPS-15 型钻机的主要特点有：

a．钻机为机械传动，采用机械液压操作，操作方便可靠。

b．整套设备安装在滑撬或底座上，对孔就位简便，机动性强。

c．液压操作立放钻塔、底架，可使滑台移让出孔口，起下大直径钻具，灵活方便。

d．门型钻塔上没有导向槽，有助于提高钻孔垂直度。

e．转盘输出转速，分快、慢两组，利于不同地层选用。

f．采用加重块加压钻进，钻孔质量保证。

j．采用单独底座反循环泵组，可实现变换正、反循环钻进；泵吸反循环排碴效率高。

②主要技术性能参数（表 3-1）

表 3-1　主要技术性能参数

钻孔	钻孔直径	1.5m
	钻孔深度	50m
	钻孔让出孔口方式	整机平移让出孔口
钻杆	主动钻杆	178mm×178mm×375mm
	孔内钻杆	188mm×15mm×300mm
	连接方式	法兰螺栓连接插齿式、牙嵌式、六角连接
动力配备	电动机型号	Y2001-4
	功率	30kW
	转速	1470r/min
转盘转速（r/min）	正转	13、13、42
	反转	22、39、72
	最大扭矩（kN）	18
主卷扬机	提升能力（单绳第一速）	30kN
	单绳提升（平均）速度（m/s）	0.65、1.16、2.08
	钢丝绳直径	20mm（D－6×19＋1）
	卷筒容绳量	80m
副卷扬机	提升能力（第一速）	20kN
	单绳提升速度（m/s）（平均）	0.46、0.78、1.44
	钢丝绳直径	14mm（D－6×19＋1）
	卷筒容绳量	80m
钻塔（结构型式"门型"）	垂直高度	8m
	额定（大钩）负荷	180kN
水龙头	负载能力	180kN
	出水管胶管通径	Φ150
排渣系统	排渣方式	泵吸反循环
	砂石泵参数	流量　180m3/h 吸程　0.070MPa 扬程　0.13MPa 转速　690r/min
钻机轮廓尺寸（长×宽×高）	8770mm×2420mm×475mm（工作时 8620mm）	
钻机总重量	15t	

③钻机的组成

GPS-15 型钻机外观如图 3-1 所示。该钻机包括主机、反循环泵组及附属工具等部分。其中：主机部分由转盘、卷扬机组、传动装置、减速器底座组成。

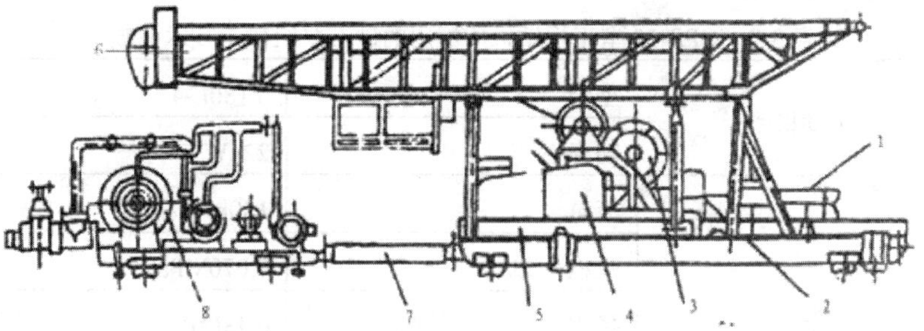

图 3-1　GPS-15 型钻机外貌图

1-转盘；2-减速器；3-卷扬机；4-传动装置；

5-底座；6-钻塔；7-联接器；8-反循环泵组

（2）砂石泵组

砂石泵组是与 GPS-15 型工程钻机配套使用的专用设备。它既能向钻孔内输送清水、泥浆，完成正循环钻进施工需要；又能通过钻杆从钻孔内抽吸含有黏土、砾石的混合体，实现反循环钻进施工。

①砂石泵组的组成及功用

砂石泵组主要由电动机、底座、传动轴总成、6BS 砂石泵、3PN 型泥浆泵、BA-6 型离心泵等组成。其传动系统如图 3-2 所示。整个泵组由-台电动机驱动，通过操作传动轴总成进行控制。

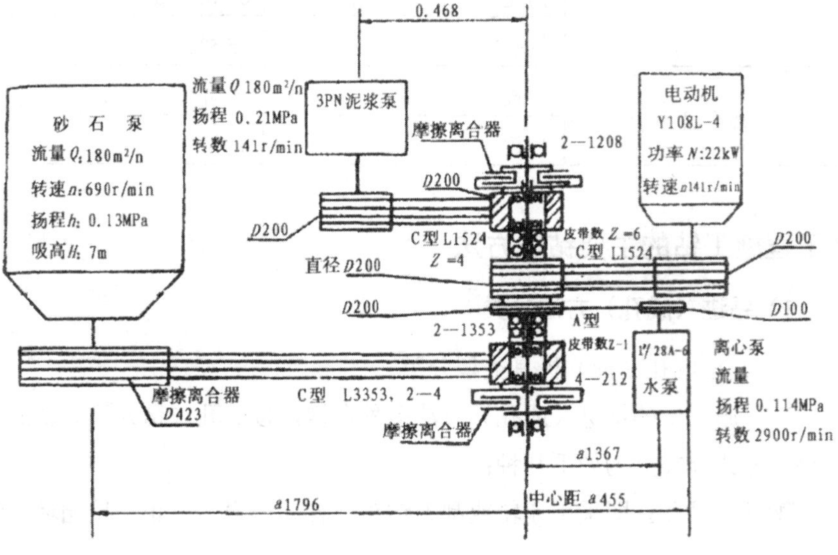

图 3-2　GPS-15 型钻机配用砂石泵组传动图

②砂石泵组的主要技术性能

GPS-15 型工程钻机所配用的砂石泵组额定技术参数如表 3-2 所示。

表 3-2　GPS-15 型工程钻机所配用的砂石泵组额定技术参数

电动机	型号	Y180L-4
	功率	22kW
砂石泵	流量	180m³/h
	吸程	0.070MPa
	扬程	0.13MPa
	自由通道直径	150mm
	转速	690r/min
	功率（配用）	22kW
泥浆泵	型号	3PN
	转速	141r/min
	扬程	0.21MPa
	效率	39%
离心泵	型号	BA-6 型
	转速	2900r/min
	流量	3L/s
	扬程	0.114MPa
	效率	55.5%
离合器	型式	手动干式摩擦片式
	片数	4 片

3.工程施工钻的主要钻进方法

1）钻进（成孔）方法分类

（1）按成孔（槽）机具类型分类

工程施工钻的钻进（成孔）方法多种多样，按成孔（槽）机具及成孔（槽）方式分类分为如下几种：

①回转成孔。即采用牙轮或刮刀钻头回转切削岩土，正、反循环排渣出孔。

②冲击成孔。即采用冲击钻头冲碎岩石，捞砂筒捞渣出孔。

③冲击回转成孔。即采用牙轮或刮刀钻头冲击加回转切削岩土，正、反循环排渣出孔。

④冲抓成孔。即采用冲抓（锥）切入土中，将土抓出孔外。

⑤旋挖成孔。即采用长短螺旋钻头将土排除孔外。

⑥抓斗成槽。即采用冲抓（抓斗）切入土中，将土抓出槽外。

⑦轮铣成槽。即采用双轮铣切下土壤，反循环将渣吸出。

⑧非开挖成孔。即采用气动矛、夯管等方法挤出成孔。振动成孔。即采用振动锤或振击器贯入钢管成孔。

（2）按循环方式分类

按循环方式可分为以下三种：

①正循环成孔；

②反循环成孔；

③无循环成孔。

（3）按循环介质分类

①泥浆循环钻进；

②压缩空气循环钻进。

2）正循环回转钻进

在大口径的桩孔施工中，采用正循环回转钻进（成孔）的方法极为普遍。

（1）适用范围

钻进正循环回转主要适用于钻孔深度小于等于 100m 的第四纪黏土层、砂土层、砾径较小的砂卵砾石层及基岩层桩孔施工。

（2）成孔机具

①钻机及辅助设备

在基桩孔正循环钻进施工中，成孔设备常用 GPS-15 型转盘式工程钻机等。为了保证孔底清洁辅助设备通常应配备两套泥浆泵轮换使用。为了提高排碴能力还应配备砂泵组。

②钻头

大口径正循环回转钻进主要使用硬质合金全面钻进钻头、硬质合金取心钻头，牙轮钻头和钢粒全面钻进钻头等。

a. 双腰带翼状钻头：如图 3-3 所示。此种钻头是一种刮刀式硬质合金全面钻进钻头。双腰带状钻头主要适用于第四纪黏土层、砂土层、砾砂层、小砾径卵石层及风化基岩层。

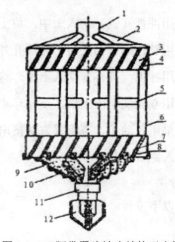

图 3-3　双腰带翼片钻头结构示意图

1-钻头中心管；2-斜撑杆；3-扶正杆；4-合金块；5-横撑杆；6-竖掌；

7-导正杆；8-肋骨块；9-翼板；10-切剥具；11-接头；12-导向钻头

b. 钢粒全面钻进钻头：如图 3-4 所示。这种钻头主要适用于中硬以上岩层全面钻进，也可用于大漂石。大砾石层的全面钻进。

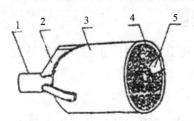

图 3-4　钢粒全面钻进钻头图

1-钻杆接头；2-加强筋板；3-钻头体；4-短钻杆；5-水口

c. 筒状肋骨取心钻头：如图 3-5 所示。这种钻头主要适用于砂、卵石层和一般岩层中的取心钻进。

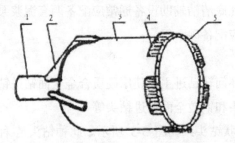

图 3-5　筒状肋骨合金取心钻头

1-钻杆接头；2-加强筋板；3-钻头体；4-肋骨块；5-合金片

③钻杆

钻杆分机上主动钻杆和孔内钻杆。主动钻杆截面形状为四方或六方形，长5~6m，不宜过长；孔内钻杆一般为圆形截面，外径为φ89、φ114、φ127等，为防止孔斜，应米用钻铤加压并带扶正器。

3）冲抓锥钻进

冲抓钻进方法在工程施工钻中得到广泛使用。

（1）冲抓钻进过程

冲抓钻进成孔是利用冲抓锥张开锥瓣向孔底冲击的动能，使锥瓣切入岩土；再利用卷扬机通过钢丝绳提升冲抓，使切入岩土的锥瓣收拢并抓取岩土，提出孔口卸去岩土。如此反复进行而达到成孔目的。

（2）适用范围

冲抓钻进成孔主要适用于杂填土层、第四纪黏土层，砂层、砂砾层、卵石层和瓢石层。

（3）成孔机具

①卷扬机和钻架：它是冲抓钻进成孔必须配备的设备。卷扬机的提升能力应为冲抓重量的3~4倍。

②冲抓锥：冲抓锥是冲抓成孔的主要机器，它有单绳冲抓锥和双绳冲抓锥两种。按锥瓣数目又可分为三瓣、四瓣、六瓣三种；其中四瓣冲抓锥使用较多。

4.钻孔冲洗与泥浆

在工程地质、轻型浅孔以及工程施工钻孔中，由于钻头不断破碎孔底岩石（土），孔内必然产生大量岩粉、钻头发生高热，孔壁也会受岩层压力作用和地下水影响逐渐出现掉块、坍塌现象。为了达到工程设计目的，确保施工顺利安全，提高钻进效率，因此，钻探施工必须切合实际开展钻孔冲洗与护壁工作。

1）钻孔冲洗的作用与分类

（1）钻孔冲洗及循环方式

为排除孔底钻碴、降低或消除钻头热量、平衡岩层压力而对钻孔进行冲洗的工作称为钻孔冲洗。

钻孔冲洗按冲洗介质的循环范围和循环线路不同，可分孔底局部正循环、全孔正循环、孔底局部反循环和全孔反循环等方式。

（2）钻孔冲洗介质的功用

主要归纳为如下几方面：

①冲洗孔底，悬浮、携带、排除钻碴；

②冷却、润滑钻头钻具；

③平衡地层压力，保护井壁；

④作液、气动工具（如冲击器、潜孔锤等）的动力源；

（3）钻孔冲洗介质种类

钻孔冲洗类型很多。按冲洗介质不同，一般可划分为如下种类：

①清水。钻进稳定岩层时采用。钻进效率高，冷却效果好，成本低。

②泥浆。以黏土为分散相，水或油为分散介质的一种固液（相）分散体系，称为泥浆。泥浆在不稳定地层钻进得到广泛采用，对防止孔壁坍塌、超径、缩径、漏失、井喷等复杂情况具有良好的效果，是工程地质、轻型浅钻、工程施工钻攻克复杂地层钻进的一项重要措施。

③乳化液。由两种互不相溶的液体（如水和油）加入乳化剂后经强力搅拌而制成的一种胶体溶液称为乳化液。乳化液具有良好的润滑性能，广泛应用于金刚石钻进。

④空气。常以压缩空气吹洗钻孔，有利于提高机械钻速；特别是沙漠、干旱缺水、严重漏失、永冻层和危岩滑坡、地质灾害治理钻孔以及潜孔锤钻进钻孔，更为适用。

⑤其他冲洗液。如钻进盐层、冰冻层所采用的饱和盐水冲洗液、钻进漏失层和砂卵石层采用的低密度泡沫冲洗液等。

2）泥浆材料

泥浆材料主要有黏土、水、化学处理剂和惰性物质等。其中水和黏土是配制泥浆的基本原料。

（1）黏土

以黏土矿物为主要成分的物质（土）称为黏土。最常见的黏土矿物主要有高岭石、蒙脱石、伊利石、海泡石。它们是由钾长石（母岩）风化所得的产物。泥浆标准规定：把含蒙脱石黏土矿物为主要成分的物质（土）称为膨润土，它是目前用于配制泥浆的最好黏土。

（2）水

配制泥浆一般采用淡水，盐水、海水配浆应用较少。

（3）化学处理剂

化学处理剂可分无机处理剂和有机处理剂两大类：

①常用无机处理剂材料

a. 碳酸钠，又名纯碱，加入泥浆能增加黏土的水化和分散性。常用于黏土改性和硬水软化。配制泥浆时，其加量按土质量的百分比计算。

b. 氢氧化钠，又名烧碱、火碱，易溶于水，常用于调节泥浆pH值和调整控制有机处理剂特性。

c. 氢氧化钙，又名熟石灰、消石灰。能与水配制成石灰乳。常用于配制钙处理泥浆，可防泥岩分散和防微漏失。

d. 磷酸钠，主要用作泥浆稀释分散剂，也可将其用于除钙或增黏。

②常用有机处理剂材料

a. 钠羧甲基纤维素（Na-CMC），是一种抗盐、抗钙能力强的降失水剂。加入泥浆具有降失水，增黏等主要作用。

b. 聚丙烯酰胺（PAM），是一种高分子聚合物絮凝剂。产品有全絮凝剂（PAM）和部分选择性絮凝剂（即HPAM或PHP）之分。通过加碱处理方法可以使PAM转化为PHP。加入泥浆对黏土、岩粉等颗粒可分别起到保护和选择性絮凝作用；是配制低固相不分散泥浆和无固相冲洗液的主要原料。

c. 丹宁酸钠（NaT），是一种稀释（降黏）剂。由丹宁粉和氢氧化钠按一定比例加水配制而成。加入泥浆主要起稀释(降低黏度、切力)作用，增加泥浆的流动性；同时有一定的降失水作用。

（4）惰性物质及其他材料

①泥浆加重剂，如重晶石粉（又称硫酸钡）其是目前最好的泥浆加重材料，主要用来提高泥浆的密度。

②泥浆堵漏材料，分别有纤维状、片状、粒状材料。如：石棉纤维、碎云母片、棉子壳及各种果壳等。加入泥浆循环，可达到堵塞钻孔漏失通道。

③无机惰性增黏剂，如膨润土粉、钙镁石棉（蛇纹石石棉）纤维等，可作为增黏剂用于提高淡水或盐水泥浆的黏度，增加携带、悬浮岩粉能力。

④无机润滑材料，加入泥浆可降低泥皮摩擦系数。如二硫化铝（AlS_2）、石墨粉等。

3）泥浆性能

泥浆性能是泥浆理化性质的反映。泥浆性能包括以下九项指标：

（1）泥浆密度（γ）

单位体积泥浆的质量称为泥浆密度。计算式为：

$$\gamma = 泥浆质量/泥浆体积$$

泥浆密度γ的大小，主要取决于泥浆中固相（黏土、岩粉、加重剂）的含量。工程钻探用泥浆密度一般控制在 1.03~1.20g/cm^3 范围内。泥浆密度指标，常用 1002 型泥浆密度秤测定。

（2）泥浆固相含量

泥浆中所含有用（黏土）、无用（岩粉、沉砂）固相（体）颗粒占泥浆总量的百分率（多用体积比，少用质量比），称为泥浆固相含量。泥浆固相含量越低越好，低固相泥浆要求固相含量<4%。此项指标通常采用 ZNG 型泥浆固相含量测定仪测定。

（3）泥浆黏度

泥浆黏度是指泥浆流动时，其内部的液体分子间，固相颗粒间和液固相间所具有的内摩擦力表现。它是泥浆流动难易程度的一种表现指标。黏度的大小对钻进、排粉、保持孔底清洁和安全施工影响很大。工程钻探用泥浆黏度一般用漏斗黏度表示，控制在 18~30s 范围内。钻探施工现场通常用 1006 型漏斗黏度计测定（所测出之值为相对黏度，它反映泥浆的表观黏度）；有条件的施工机台，可采用 ZNN-D2 型或 ZNN-D6 型旋转黏度仪测定泥浆的绝对黏度和视黏度。

（4）泥浆的触变性与静切力

泥浆搅动时其内部结构受到破坏，但在静止时其又恢复形成网状结构的特性，称为泥浆的触变性。泥浆静止时，受外力影响而开始流动所需最小的剪切应力，称为静切力。一般采用 1007 型泥浆静切力计或 ZNN-D2 型、ZNN-D6 型旋转黏度仪测定。

（5）泥浆含砂量

泥浆中不能通过 200 目筛孔（即直径大于 0.074mm）砂粒占泥浆体积的百分数。称为泥浆含砂量。计算式为：

$$泥浆含砂量 = 砂粒体积（mL）/取浆体积（mL）\times 100\%$$

泥浆含砂量要求一般不能大于 4%。对于金刚石钻进，宜控制在小于 1%。

现场多用 1004 型或 ZHN 型含砂量测定仪测定。

（6）泥浆失水量与造壁性

当泥浆承受压差作用后，一部分自由水渗入孔壁岩层的数量，称为泥浆失水量，一般用 B 表示。泥浆在失去自由水的同时，浆液中的黏土等固相颗粒在孔壁上形成泥皮的能力称为造壁性，泥皮厚度用 mm 表示。

泥浆失水量要求：一般控制在 B＜15mL/30min （在 0.7MPa 压力下）

泥皮厚度要求：＜2mm。

现场多用 1009 型和 ZNS 型泥浆失水仪测定。

（7）泥浆 pH 值

反映泥浆酸碱性强弱的指标，称为泥浆声值。pH 值为 7 时，泥浆为中性；pH 值＜7，泥浆呈酸性；pH 值＞7，泥浆呈碱性。

泥浆 pH 值一般应控制在 8~10 之间，呈微碱性。

现场多用比色法（即广泛 pH 值试纸）进行测定。

（8）泥浆的胶体与稳定性

表示泥浆中黏土颗粒分散和水化程度的指标称为泥浆的胶体率。表示泥浆中黏土颗粒分散均匀程度的指标，称为泥浆的稳定性。

一般要求：泥浆胶体率应＞95%；浆液下部分与上部分的相对密度差值＜0.02。

（9）泥浆的润滑性与泥皮的黏滞性

此项指标对钻进工艺关系很大，特别是金刚石钻进，可用其改善泥浆润滑性，降磨减阻，提高机械转速。由于钻探机台测试条件不具备，因此现场不测此项指标。

5.孔内事故预防与处理

1）孔内事故基本概念及分类

（1）孔内事故

在钻探施工中，在孔内由于各种原因造成钻进不能正常进行或中断的故障，称为孔内事故。如钻杆折断、钻具卡钻、钻头脱落以及钻孔涌砂、掉块、坍塌等。

（2）孔内事故分类

孔内事故按其性质与特点，可作如图 3-6 所示分类：

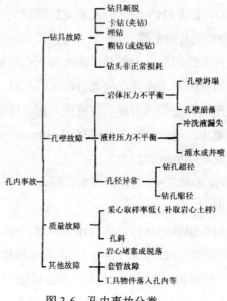

图 3-6　孔内事故分类

大师点睛

孔内事故的危害：
（1）处理事故耗用人力、财力、物力大，钻探成本上升。
（2）降低纯钻时间和台月效率，影响施工进度。
（3）影响钻孔质量。
（4）损耗设备，并易引发人身伤害事故。

2）孔内事故发生的原因

在钻探施工过程中，可能发生的孔内事故尽管是多种多样，但都可归纳为两大三类是人为事故；另一类是客观条件造成的自然事故。导致孔内事故发生的原因，主要包括以下两方面：

（1）主观方面原因

由于操作人员责任心不强，技术不熟练，违章作业，预防事故的技术措施与实际情况不相适等。如：复杂地层钻进未采用优质泥浆或与之相应的冲洗液，加剧了孔壁坍塌掉块；钻孔换径时未使用导正钻具，造成孔斜；岩心堵塞，不及时提钻，造成岩心采取率偏低、甚至烧钻等。

（2）客观方面原因

由于客观地质条件比较复杂，机械设备、工具和管材质量不好，而施工中无法掌握或预想不到所造成。如：客观地质条件的多变，新区初始施工地层情况不了解，钻孔严重涌水、漏水、涌砂、缩径、坍塌掉块；机械设备、工具、管材因其内部存在质量缺陷而又无法检验，钻进中突然发生故障造成孔内事故。

由主观原因造成的责任事故无疑是完全可以避免的。对于由客观原因造成的非责任事故，尽管实施中难以预料，但只要根据具体情况做好分析研究，掌握其内在的规律，在一定的程度和范围内，绝大部分还是可以预防。

3）孔内事故的预防

预防孔内事故的主要措施，大致可归纳为如下几方面：

（1）加强思想教育，增强各级人员的责任心，精心操作，精心管理。

（2）加强技术学习和技术培训，提高操作技能。

（3）认真做好施工前的各项准备工作（包括思想、技术、设备物资准备）。

（4）根据地质条件，合理选择钻进、护壁堵漏方法，制定相应的技术防范措施。

（5）严格执行钻探操作规程，按施工设计组织施工。

（6）建立健全岗位经济责任制。

4）处理孔内事故的原则和方法

（1）处理孔内事故的基本原则

①了解、弄清事故经过、事故部位及全孔情况；

②分析、明确事故性质（判定事故的可能性、复杂性）；

③制定正确的对策、方案及措施；

④及时、稳妥、快速处理。

（2）处理孔内事故的常用方法

孔内事故的处理方法很多，主要根据事故的性质、类型和状况来确定，常见孔内事故的处理方法有提、捞、扫、冲、打、反、扩、剥、透、磨等。

（3）处理孔内事故的常用工具

主要有公母丝锥、油压千斤顶、冲击把手、吊锤、套管割刀、铣刀、磁钢打捞器等。

任务实施

1. 能够叙述工程施工钻探的工艺操作规程。

2. 在岩土中进行 1~2 个钻孔。

总结与评价

评价内容	评价指标	标准分	评分
安全意识	能否进行安全操作	20	
作业过程	操作熟练程度	20	
分配能力	分工是否明确	20	
团队协作	相互配合默契程度	20	
归纳总结	总结的是否齐全面	20	

任务 2　粉体喷射深层搅拌桩

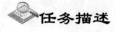

任务目标

1.掌握钻探工艺操作过程；

2.掌握合金、金刚石钻进配套工艺；

3.掌握杂地层钻进工艺与取心方法；

4.能够对钻孔所需的设备进行选用；

5.能够对自己的工作做合理的评价总结。

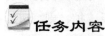

任务描述

通过粉体喷射深层搅拌桩加固地基。

任务内容

1.钻探工艺操作

正确地操作钻探机械设备，是减少机械设备故障，延长机械设备寿命，提高钻进效率，保证钻探工程质量和安全文明生产的重要因素之一。因此，钻探施工人员必须正确了解和掌握所用钻探施工设备的性能、构造、操作方法和维护保养技术。

1）升降机操作

提下钻、升降钻具的操作，也即是钻机卷扬机（或称升降机）的操作。卷扬机操作主要是提升和制动的操作。

（1）升降机开动前的检查

①开动升降机前应检查升降机提升、制动制带与卷筒的同心度是否一致；制带与卷筒之间的间隙是否合适；操作手柄是否灵活；不适当的应进行调整。

②检查各变速、分动手柄的位置是否适当。注意变速手柄不能放在反挡位置上。

③接合离合器时，必须闸紧制动手柄。

（2）提升操作

缓慢闸紧提升手柄，同时松开制动手柄，即可实现提升。提升时，操作者应注意：如果是提升孔内钻具时，操作者应主要注意孔口，一旦发现所提升的钻具接头出露孔口时应立即刹车。如果是提升空提引器，则眼睛目光应跟着提引器上移，当提升到所需高度时应立即刹车。在提引器上升过程中，应注意防止提引器碰撞塔上物件和翻过天车。

（3）下降操作

同时放松提升和刹车（制动）两个手把，此时下放速度最快。

一般操作是松开提升手把，微制（微刹）制动手把，即可放慢下降速度。当下放到所需要的高度时即可制动住。当钻具较轻时，开始下降可以松开两把，当下降一定的高度后开始慢慢刹车，直溜到井口再刹死。下降操作时，操作者的视线应始终盯着提引器，并随同提引器一起下移

（4）升降机操作时的调整

调整升降机的主要目的是调整制带的位置和调整制带与制圈的间隙。其调整方法是：

①调整拉杆下部的螺母，可改变制带与制圈的间隙；

②调整定位螺杆可改变拉杆的上、下位置，即上下制带的位置；

③调整制带前后位置固定螺杆，可调整其前后位置，使上、下制带与制圈的间隙和椭圆度一致，使刹车圈完全接触，而松开时能完全脱离。

1.操作升降机时，严禁将提升手把与制动手把同时闸紧，以免损坏机件。

2.操作升降机时，注意力应高度集中，视线始终随升降钻具移动，同时应注意四周情况，如有异常时，应紧急制动。

3.操作升降机时，应稳提稳放，严禁猛拉、猛放。

4.操作升降机时要注意润滑各部轴承，要防止水、油及其他杂物进入制带，以防止制带失灵。

5.操作升降机时，在升降钻具中不得用手扶摸钢丝绳

2）中心孔口岗操作

中心孔口岗的操作，主要是指摘、挂提引器和抽、插垫叉的操作。

（1）操作

升、降钻具时，当钻杆接头部分快要提出或接近孔口时，即应提前准备好垫叉；并注意钻杆接头出露高度及切口方向，当钻杆提出孔口暂停时，即迅速将垫叉叉入接头切口，要注意将垫叉叉在接头的最下一个切口上，叉上后，立即搬动垫叉作适当转动，使垫叉紧靠在拧管机或孔口板的凸块上，（以免拧卸管时，下部钻杆随着一起转动）便于快速卸开或拧紧钻杆。

（1）抽、插垫叉时，严禁将手放在垫叉下部，以防压伤手指。

（2）上、下垫叉要叉牢。上垫叉要有防脱装置，插完垫叉后，手未离开垫叉前，不得开动拧管机。

（3）在钻具未停稳时或发生跑钻时，严禁抢插垫叉（插飞叉）。

（4）严禁用脚去蹬垫叉，以防脚被砸伤。

（2）升降钻具时摘挂提引器

①普通切口式提引器

升降钻具时，待提引器到孔口停住后，用右手将提引器锁环托起后握住提篮，并使提引器切口对准钻杆接头切口，将提引器挂上钻杆，松右手后使锁环下落而锁住钻杆；摘提引器时，用右手将提引器锁环托起，用手一拉即将提引器摘离钻杆。

②摘挂提引器的注意事项

a.摘挂提引器时，不得用手扶提引器底部；

b. 钻具未停稳时，严禁摘挂提引器，以防跑钻事故和其他事故的发生；

c. 使用普通提引器时，必须确认锁环已锁住钻杆时，方可进行钻具升降；

d. 下放钻具时，普通提引器的缺口应朝下；

e. 注意检查接头是否松动，尤其是下降钻具，升降机不回绳时更易引起回扣、拉脱；

f. 如遇钢绳回劲时要防止打手，此种情况下，可向回劲的反方向扳动一点，抖动垫叉迅速抽出。

3）泥浆配制与测定

（1）普通泥浆的配制

①普通泥浆的配制

普通泥浆也称为基浆，由黏土和水配制而成。是一种成分最简单的泥浆类型，也是配制各种不同成分泥浆类型的基浆（也有称为原浆的）。用化学处理剂处理可改变其性能。用于一般地质条件下的护孔堵漏。

②配制泥浆的计算

a. 黏土量：配制一定密度的泥浆所需的黏土量

$$泥浆质量＝黏土质量＋水质量$$

$$V_1\gamma_1＝V_2\gamma_2＋V_3\gamma_3$$

式中：V_1—泥浆体积（m³）；γ_1—泥浆密度（kg/m³）；V_2—黏土体积（m³）；γ_2—黏土密度$(2.2\text{~}2.7)\times10^3$（kg/m³）；$V_3$—水的体积（m³）；$\gamma_3$—水的密度（淡水$1.0\times10^3$ kg/m³、海水1.03×10^3kg/m³）。

b. 黏土质量

$$W＝V_2\gamma_2，即 V_2＝W/\gamma_2$$

式中：W—配制泥浆所需黏土质量（kg）。

c. 水量

$$水量＝预配泥浆体积－所需黏土体积$$

（2）泥浆性能的测定

在现场一般只测量泥浆的黏度、密度、失水量、含砂量、静切力及酸碱值。

①泥浆黏度的测定

现场一般常用漏斗黏度计测量泥浆的相对黏度（又称为视黏度和表观黏度）。野外标准漏斗黏度计结构如图3-7所示。

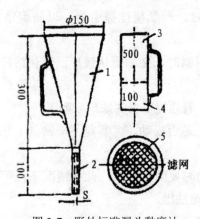

图 3-7　野外标准漏斗黏度计

1-漏斗；2-管子；3-量杯；4-小量杯；5-滤网

测定的方法是：先用手指堵住漏斗下面的小管口，并用量筒量出 500mL 的和 200mL 的泥浆倒入漏斗中，然后同时打开秒表和放开手指，让泥浆流入容量 500mL 的量筒内，待流满 500mL 后立即停表，所需的时间即为该泥浆的黏度。

标准的漏斗黏度计，测量清水时（与测泥浆黏度同）应为 15s，若大于或小于 15s，说明该黏度计不标准。

②泥浆密度的测定

泥浆的密度是单位体积泥浆的质量。实际测量泥浆密度时，可不考虑温度的影响。密度用符号 γ 表示。

测量泥浆密度的方法很多，现场一般用密度秤来进行测量。泥浆密度秤如图 3-8 所示。测量前应先校正密度秤是否准确，其方法是在泥浆杯内倒满清水，盖好盖移动游码，看密度是否在 1 的位置上，再增减调重管内的重物，使之达到水平为止。

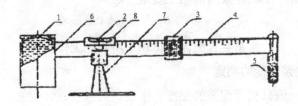

图 3-8　泥浆相对密度秤

1-杯盖；2-水平泡；3-游码；4-杠杆；

5-配重；6-泥浆杯；7-支架；8-主刃口

测量时把要测量的泥浆倒入泥浆杯中盖好盖。把横梁的刀口放在支架的刀口座内，调整游码使其水平，游码左侧在秤杆上所指示的刻度值，即为泥浆的密度。

③泥浆含砂量的测定

泥浆中含有不能通过 200 目筛孔（即直径大于 0.074mm 的砂粒通不过筛孔）的砂粒（或岩粉）和未分散的黏土颗粒，稀释后由于重力作用，就会沉淀下来，其沉淀部分的百分比即为泥浆的含砂量。

测量泥浆的含砂量，常用含砂量测定器，其方法是：取 50mL 的泥浆和 45mL 的清水倒入测量杯内棍合摇匀，然后垂直静止停放 1min，读出沉淀管中砂子的刻度数再乘以 2，即为泥浆含砂量的百分数。含砂量测定器结构如图 3-9 所示。

如读数为 3 小格，则 3×2＝6，此泥浆的含砂量即为 6%。测量含砂量也可用筛析法进行测量，其方法是在玻璃量筒中装入 20~40mL 泥浆，再加入适量的清水，用手盖住筒口，用力摇晃，使泥浆和水充分混合，然后浆混合液倒入过滤筒内，冲洗玻璃筒的水也一并倒入过滤筒中，用水冲洗过滤筒直至通过筛网的液体清澈透明为止，此时筛网上留下的全是不能通过 200 目筛网的砂子；将漏斗套在过滤筒上，慢慢翻过来，插入玻璃筒，再用清水将筛网上附着的砂子全部冲到玻璃量筒里，最后待砂子全部沉底后，将读数代入下式，即可得出含砂量数值：

含砂量＝砂子体积（mL）/所取泥浆体积×100%

④泥浆的失水量和泥皮厚度的测定

测量泥浆失水量及泥皮厚度大小，目前国内用得较多的是 1009 型泥浆失水仪，结构如图 3-9 所示。其测量方法如下：

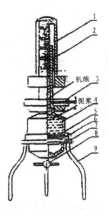

图 3-9 1009 型泥浆失水量测定仪
1-重锤；2-加压筒；3-调节针阀；4-泥浆罐；
5-滤板；6-阀板；-泥浆罐底座；8-顶丝；-支架

a．将重锤从加压筒中取出，卸下加压筒和泥浆罐，放松顶丝使阀板在泥浆罐底坐中下落少许，取出筛板，将筛板擦干净，检查筛孔是否畅通和密封垫片是否完好。

b．把滤纸用清水润湿贴在筛板上，将筛板嵌入泥浆罐底座，然后拧紧泥浆罐与其底座，旋转顶丝使阀板封闭筛板。

c．将欲测泥浆注满泥浆罐，再把加压筒拧紧在泥浆罐上，同时旋紧调节针阀，将整套滤室放在支架上。

d．向加压筒中注入机油，使油面距筒口约 1cm,把重锤活塞杆放入加压筒，旋松调节针阀，使重锤刻度板零线对准加压筒上端的零线，拧紧调节针阀。

e．松开顶丝 1~2 圈，使阀板打开，同时按动秒表记时，测到30min，由重锤刻度板上直接读出该种泥浆的失水量值。为了缩短在现场测量的时间，根据泥浆失水量 B 与滤失时间的平方根成正比的关系，可测量 7.5min 的失水量，再乘以 2 后即为 30min 的失水量。

f．失水量测出后，松开调节针阀，将机油放入底盘，再取出重锤，卸下加压筒，将底盘中机油倒回盛油容器。从支架上取下泥浆罐，倒掉罐中的泥浆，卸下泥浆罐，小心地取出筛板，用清水轻轻洗去泥皮上的浮泥，量出泥皮厚度。如果测失水量的时间是 7.5min，那么所测的泥皮厚度也要乘以 2。

为了保证仪器的可靠性，应对仪器定期检验。其办法是将泥浆罐和加压筒内全部灌注无水机油或变压器油，按测失水量的方法进行测量，这时失水量应该等于"0"。否则仪器不准。

现场还常用滤纸法测量失水量，其方法如下：在一块平板玻璃上铺一张纸，将要测量的泥浆 2mL 滴在滤纸的中间，滤纸吸收水分，在泥皮周围形成润湿圈，经 30min 后，用尺子测量润湿直径，取为失水量，所形成的泥皮厚度即为该泥浆的泥皮厚。

泥浆的酸碱值（pH 值）的测定泥浆的 pH 值等于泥浆中氢离子浓度（g/L）的负对数值，即 $pH = -lg [H^+]$。

测量泥浆 pH 值最常用的是比色法（即试纸法）。取一条 pH 值试纸，浸沾泥浆或滤液，半秒钟后取出与标准色板相比较，即可读出 pH 值。

（3）泥浆切力的测量测量泥浆静切力的方法

①浮筒切力计测定法浮筒切力计其结构如图 3-10 所示。现场常采用

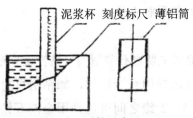
图 3-10　浮筒切力计

此法。测量时先取 500mL 泥浆搅匀后立即倒入泥浆杯内，随即将浮筒沿刻度标尺套入并轻轻接触泥浆液面，然后让其自由下降，待静止时，便可从浮筒上端面与标尺相对应的刻度值读出泥浆的初切力。取出浮筒，擦净浮筒内外黏着的泥浆，再将泥浆杯中的泥浆充分搅匀。让其静止 10min后，仍按上述方法即可测出泥浆的终切力。

使用该仪器测量切力时，应注意的事项为：标尺一定要保持垂直，浮筒一定要保持干净、完整，浮筒与泥浆面接触时一定要轻，要让其自由下落。

②旋转黏度计测定法

目前大多数均采用此法。旋转黏度计的工作原理是利用内圆筒和外圆筒的回转造成的流速梯度，使内外圆筒之间的泥浆受到剪切应力，并以和外筒或内筒相连接的扭力弹簧或钢丝的扭转角来反映回转时摩擦阻力的大小，即泥浆黏度的大小。目前用得最多的是外筒转内筒不转的范氏黏度计。该仪器的设计原理和结构比较复杂，但使用简单方便，能直接读数。有手摇的或电动的，有两速或多速的，常用电动三速或四速的。

测量静切力时：先用 600r/min 的高速搅拌泥浆，然后静置 10s，再用 3r/min 的速度转动外筒，得到最大读数乘以 5 倍即为初切力，单位为 $10^{-5}N/cm^2$。同理，按上述方法测定静置 10min 读数乘以 5 倍为终切力。

采用该旋转黏度计，只要取得 600r/min、300r/min 的读数；静置 10s后，再以 3r/min 的读数；静置 10min 后以 3r/min 的读数。只要取得这四个读数，再用换算公式计算，就能测量出某种泥浆的有关流变性能的大小。

2.合金、金刚石钻进配套工艺

1) 钻进方法选择

钻进方法的选择对于工程地质钻探的施工是十分重要的。选择得当，会提高钻进效率和质量，减轻劳动强度，减少材料消耗，降低成本，加快施工进度。如果选择不当，只会是事倍功半。那么，如何选择钻进方法呢？一般从以下几个方面来考虑：

①地层情况

根据工作区内地层主要岩石类型的可钻性确定钻进方法。一般，可钻性在 1~6 级之间的可选择用合金钻进，如钻进页岩、泥岩、强一中风化砂岩等；可钻性在 5~12 级之间可选择用金刚石钻进，如钻进花岗石、石灰岩、硅质胶结的砂岩、石英岩等。实际上金刚石在 1~2 级岩石中都能钻进。

②钻探质量

金刚石钻进有很多优点，如孔斜小，岩心采取率高。合金钻进就要差一点了。如果对钻探指标要求较高，自然就选择金刚石钻进。

③孔深

一般情况下孔较深时用金刚石钻进，甚至是绳索取心钻进，孔较浅时大多用合金钻进，因孔越深，越易出孔内事故，起下钻辅助时间越长。金刚石钻进的另一优点是可以降低事故率，采用绳索取心时，辅助时间可减少很多。一般情况下，孔越深金刚石钻进的优势越明显。

④设备性能

根据破岩原理，金刚石钻进需用高转速，而合金钻进的转速较低。如果是金刚石油压钻机（**XY** 系列）就可选用金刚石钻进，如果是老式的手把钻机，那么选择金刚石钻进就不太合适了。当然 **XY** 系列钻机也常在低速档用来进行合金钻进。

⑤工作量

当然这种划分也不是绝对的，如 4~6 级地层既可用合金钻进也可用金刚石钻进，并且都可取得较满意的效果。关键要看工作区某种岩石所占的比例，如果低可钻性岩石只有很少一段或是一个夹层，一味去套用以上的可钻性划分一般规则那就太机械了。

2）**钻头选型**

①合金钻头的选型

选择使用合金钻头应根据地层情况考虑以下几个因素：

a. 合金：合金自身的性能当然是很重要的，它主要取决于碳化钨和金刚石的含量，金刚石含量高，韧性大而硬度低，金刚石含量少则反之。

b. 内外出刃：软地层，水敏地层等出刃应大些，才能保证钻具与孔壁的适当间隙,使泥浆上返阻力减少,不"夹"钻。硬地层内外出刃可小些,这样可以减少破岩工作量,也不致造成"夹"钻。

c. 合金的数量:一般软地层选用合金可少些,硬地层应多些。

d. 合金形状:合金的形状有很多种,一般情况下,软地层选用的合金结构比较单薄,刃尖角较锐,硬地层则相反。

e. 镶焊角度:软地层一般镶焊成直角或正前角,硬地层则镶焊成直角或负前角。为了降低钻头体加工和合金焊接的难度,在通常情况下,一般都镶焊成直角。

f. 合金的排列:软地层排列简单,硬地层排列较复杂。

②金刚石钻头的选型金刚石钻头的选型仍然取决于地层,即考虑到钻头与地层的适应性。在讨论金刚石钻头的选型前,先介绍关于金刚石钻头制造方面的一些基本知识。

 拓展学习

金刚石与金刚石钻头基本常识

1.天然金刚石

天然金刚石是一种矿物,它是碳元素在地下深处受到高温高压的作用,从炽热状态的岩浆中形成的。其中之晶莹剔透、光彩夺目、颗粒较大者则被称为钻石。

2.人造金刚石

用人工制造的金刚石。石墨和金刚石的化学成分都是碳,将石墨加上触媒,在 500~1000MPa 和 1000~2000℃的高温高压条件下则转化成金刚石。制造金刚石的方法在我国主要用静电触媒法和爆炸法。人造金刚石无论从晶形、强度、颗粒、耐高温性都不及天然金刚石。

3.人造金刚石的颗粒度

金刚石的颗粒的大小用"目"表示,"目"就是每英寸长度上筛孔的个数多颗粒就越小。显然,筛孔越大"目"就越少,"目"越少颗粒就越大,反之"目"越多颗粒就越小。如30目的金刚石比50目的金刚石颗粒粗。目只给出一个范围,如50目以粗,50目以细,或50~100目。

4.天然金刚石钻头

用天然金刚石制成的钻头。

5.人造金刚石钻头

用人造金刚石制成的钻头。

6.表镶金刚石钻头

用一定大小颗粒的金刚石(天然金刚石为 100 粒/克拉以粗,人造金刚石聚晶为 Φ3~3.5),按一定要求镶入钻头的胎体内,部分出露在外,然后进行加压烧结而成

钻探工程

的钻头。

7.孕镶金刚石钻头

将金刚石粉末混合在工作层的胎体料内后进行加压烧结而成的钻头，使用天然金刚石时颗粒小于 150 粒/克拉，使用人造金刚石时为 46~100 目的单晶。

8.电镀金刚石钻头

用电镀原理，以某种活泼金属作阳极（作胶结剂），钻头体作阴极，边通电边布金刚石与骨料的混合料而制成的钻头。

9.金刚石扩孔器

用以适当扩大孔径，修整孔壁，延长岩心管和钻头寿命的金刚石工具，它一般装在钻头与岩心管之间。它的制造方法有电镀和无压浸渍法。可用于制造钻头。

10.金刚石钻头制造方法

金刚石钻头的制造方法通常有热压法、冷压法、无压法和电镀法。

11.胎体硬度

胎体硬度用 HRC 表示，如 HRC35、HRC42，它是由胎体骨料成分决定的。

12.金刚石钻头中金刚石的浓度

钻头胎体工作层单位体积中所含的金刚石量（体积浓度）。当金刚石占胎体体积的四分之一时，其体积浓度应为25%。据此而定的标准称"100%浓度制"，国际砂轮制造业习惯用"400%浓度制"。

3）金刚石钻头选型与地层的关系

劝地层的完整性：完整地层一般用表镶钻头，破碎地层用孕镶或电镀钻头。

（1）地层的研磨性

研磨性强的地层用胎体硬度高的钻头，如 HRC40、HRC45。研磨性弱的地层用胎体硬度低的钻头，如 HRC35。研磨性强弱反映出地层对钻头胎体的磨损的快慢程度，它对钻头的自锐、时效和寿命有很大的影响。所谓钻头对地层的适应性，主要指的是胎体硬度对地层的适应性，因为一般而言，一个钻头上金刚石的性能是大同小异的，区别较大的就是胎体的硬度。

（2）地层的可钻性

低可钻性地层用表镶钻头，高可钻性地层用孕镶钻头。

（3）金刚石钻头的规格

金刚石钻头的规格有很多，各部门的标准不尽相同。金刚石钻头还有用于双管的，用于绳索取心的尺寸都各不相同。近几年还发展了用于建筑市场的薄壁金刚石钻头和其他非标钻头。

4）钻孔结构

钻孔结构是钻孔各孔段的钻孔直径，是否下套管或所下套管的外径的大小、壁厚、开孔角度等钻孔空间结构性技术指标的总称。良好的钻孔结构设计可以提高钻进效率，加快施工进度，减少事故发生，降低材料消耗，创造良好的经济效益。

（1）影响钻孔结构的因素

①岩土样的直径：岩土样直径要求越大，钻孔孔径就越大；要求的岩土样直径小，钻孔孔径就小。

②终孔直径：终孔直径要求大，显然开孔直径也就大；终孔直径要求小，开孔直径也就小。

③地层复杂程度：地层简单、完整、裂隙少、漏失不严重、不垮塌，钻孔结构就简单。对于一些较浅的工程地质钻孔和地层简单的钻孔，都可以依据岩土样的大小或终孔口径一径到底，反之就难以一径到底了。

④套管：对于工程地质钻孔，套管主要用作隔离复杂地层，如果地层简单则可以不下套管(需要隔离地表水除外)，地层复杂那就得下套管了。

⑤其他特殊要求：有国家或行业规范规定或特别用途。

（2）确定钻孔结构的方法

①依据设计要求确定终孔口径，再反推至孔口，对于较深的或有较复杂地层的钻孔一般在中间预留一径或两径作备用。例如设计终孔口径为 Φ76，则根据以上原则，开孔应以 Φ91 或 Φ110 口径比较合理。当然对于浅孔或地层较简单的孔可不预留，一径到底。

②依据需取岩土样最小直径确定终孔口径，然后反推开孔口径，其他原则同上。

③套管的下入与否取决于地层，工程地质钻孔所下套管的口径一般为 Φ89、Φ108、Φ127，一般不用水泥固结，以便于起拔。地层复杂难以钻进时就应下套管，钻孔结构就复杂了。如果地层简单，口径单一，就不必下套管了。

5）钻进技术参数的计算

钻进技术参数通常指的是钻压、转速和泥浆排量。

钻压是决定钻进效率的主要因素之一，它的单位是 kg 或 t。一般来讲，压力大效率高，但也不是越高越好，这取决钻杆性能、孔壁情况、钻头类型等。这里讲的是合理钻压，并非越大效率越高，只能是在保证安全和质量前提下加大钻压。

钻进转速是指钻头在单位时间内转动的圈数，钻探上常用的单位为 r/min。理论上讲，转速越高，单位时间内切削岩石的次数越多，效率当然就高。转速主要取决于地层，但也受设备、管材、泥浆、口径等的制约，所以高转速也是有条件的。一般地讲，颗粒细，均质完整，研磨性比较弱的岩层转速可高些；而颗粒粗，裂隙发育，研磨性强的岩层，转速应降低些，有时转速高了不仅不会提高时效反而使钻头急剧磨损。根据圆周线速度与直径的关系，转速相同时钻头直径越大圆周速度越快，因此，在相同的条件下，钻头直径大时转速要适当降低。

泥浆排量简称泵量、水量或冲洗液量。它的主要作用有四：冷却钻头与护壁，润滑钻具与孔壁，携带岩粉清洁孔底，压力平衡。泥浆排量单位为 L/min，有时也用活塞每分钟的冲次来表示。泥浆排量也不是越大越好，它主要取决于地层的完整性、裂隙发育情况、孔壁是否坍塌等，还受泵、孔壁间隙、钻进时效等的限制。

下面以孕镶金刚石钻头为例说明三个规程参数的计算方法。

（1）钻压

孕镶金刚石钻头唇面上细小金刚石均匀密布，在理论上钻压 P 一般以其克取单位面积岩石所需压力 P 来确定。

对于中硬岩石 P 推荐用 4~5MPa，岩石坚硬，金刚石质量高，P 值可适当提高。实际上，影响钻压的因素较多，上述计算公式比较简单，只是综合考虑了一些影响因素，所以具体确定钻压时，还应分别对待。

（2）转速

转速是影响金刚石钻进效率的重要因素，在一定条件下，转速越快，钻进效率越高，使用孕镶金刚石钻头时尤其如此。

钻头的转速一般根据其圆周线速度来计算。根据实验得知，孕镶金刚石钻头的线速度达到 1.5~3.0m/s 时，才能获得较高的钻进时效。

（3）泵量（冲洗液量）

冲洗液排除岩粉和冷却钻头的效果，取决于液流上返速度。

6）金刚石钻进操作要点

由于金刚石本身的特点和金刚石钻进破岩机理与其他钻进方法不同，所以在钻进工艺上也有较大的区别。

（1）钻头与扩孔器

①根据地层正确选用钻头，在一个工作区甚至一个钻孔的施工过程中，可准备几种不同类型和指标的钻头，以摸索钻头对地层的适应性。

②排队使用钻头。钻头下孔前和提钻后都应准确测量钻头内外径和胎体高度，在一个孔的施工中，应先用新钻头后用旧钻头，先用外径大的钻头，后用外径小的钻头，使钻头能一次下钻到底，减少扫孔工作量。使用新钻头下孔钻进时，应低转速进行磨合。

③扩孔器也应排队使用，规则同上。扩孔器的外径应比钻头外径大0.5~1.0mm。

④应尽量避免用新金刚石钻头扫孔，以保证其外保径少受非钻进磨损。

（2）钻进参数

钻进参数要根据地层和时效及时进行调整，无论是加压还是减压钻进都应对钻具进行称重，以准确施加钻压，钻机和泥浆泵的三表齐全，指示准确。

（3）钻具直线度与润滑

①金刚石钻具应直线度好，以减少高转速下钻具的振动，尽量使用满眼钻具，如Φ75钻头配Φ50钻杆，Φ91、Φ110钻头配Φ73钻杆，机上余尺也不能配得太长。

②润滑在高转速情况下是必要的，如在深孔钻进时仅靠泥浆的润滑是不够的，应在钻杆外壁涂润滑油或在泥浆中混入润滑剂。

③岩心管要直。由于岩心管壁较薄，易变形，禁止重压或脚踩；装卸钻头应使用自由钳，严禁使用管钳，退取岩心时应用木锤或橡胶锤敲击。弯的岩心管不能使用。

（4）保持孔底洁净

①使用过钢粒钻进的孔尽量避免换用金刚石钻进。

②使用过合金钻进的孔应确认孔底的确无合金碎块或进行磨孔后才能改换金刚石钻进。

③发现金刚石胎体掉块时应用工具打捞或消灭。

④钻具提离孔口后应用盖板盖住孔口，以免异物落入孔底。

⑤钻具下至离孔底一个单根左右时，应合上机上钻杆开泵，见有泥浆返出后再将钻具下入孔底继续钻进。

（5）岩心采取及采取率、

①应使用岩心卡簧取岩心，禁止断水或投卡料取心。

②地层破碎时应使用双层岩心管，并控制泥浆排量，使用底喷式钻头。

③破碎地层应缩短回次进尺长度，勤提钻，以防岩心堵塞。

④岩心应顺序摆放在岩心箱内，后退出的岩心应先放在岩心箱内，与上一回次岩心相接，并编号。

7）避免金刚石钻头非正常磨损的措施

由于受地层以及操作者的技术水平的影响，金刚石钻头非正常损坏也是常见的。在目前，施工企业使用孕镶或电镀钻头比较多，故这里主要对孕镶金刚石钻头在使用时出现非正常磨损的情况作一个介绍，表镶钻头也有类似的情况。

8）复杂地层钻进工艺与取心方法

所谓复杂地层是指那些对钻孔结构、钻进时效、钻进质量、孔壁稳定及安全钻进有较大影响的地层，如破碎地层、漏失地层、严重垮塌或缩径地层、易斜地层、卵砾石层、流沙层、有溶洞和暗河的地层。遇到这类地层，不仅影响进度，钻孔质量难以保证，还大大增加了钻进成本，所以讨论复杂地层钻进工艺对建设工程的甲乙方都是非常有意义的。复杂地层的钻进包括钻进效率和钻进质量两个方面的内容。

这里所讨论的复杂地层钻进工艺仅是人们在长期的生产实践中摸索总结出来的经验，有针对性的工艺技术，它并不是一副灵丹妙药，并不能解决所有的复杂地层的钻进工艺问题，还需要不断完善和发展，下面介绍几种常见的复杂地层钻进工艺。

（1）漏失地层钻进与取心方法

地层漏失是由构造引起的，这里所指的漏失是严重的漏失。漏失地层对浅孔来讲并不是一个严重的问题，处理起来也并不复杂，可采取下套管，调整泥浆性能或干脆就不管它。孔较深时这个问题就不能不管了。主要的解决方法有，使用惰性堵漏材料，提高泥浆黏度，下飞管，灌水泥浆，用布袋堵漏等。在工程地质钻探中由于孔较浅，一般很少下套管，单是漏失地层，取心并不困难。

（2）破碎带及软弱夹层钻进与取心方法

钻进破碎带及软弱夹层一般的方法是采用无泵钻进法，即在钻进中不用泥浆泵，但与干钻也不同，须定时地串动钻具，利用孔内水的反复循环作用，不使钻头和孔壁或岩心胶结，同时将岩粉收集在取粉管内。

跟管钻进也是对付破碎地层的有效方法。的不断加深而同步跟进，从而避免垮塌。

（3）砂卵砾石层钻进与取心

这种方法就是在钻进的同时，套管随着孔深在工程地质钻探中，砂卵砾石是经常遇到的，如在河床上对桥梁基础进行勘探，对于松散无胶结的砂卵砾石层成孔和取样都是比较困难的，下面介绍几种方法：

①平阀管钻冲击钻进法

②钢丝钻头钻进

钢丝钻头故名思义就是在钻头的内壁上装上了钢丝。钢丝钻头都是自制的，制作的方法是在离钻头唇部 2cm 和 3cm 处，沿圆周钻两排孔（每排孔数根据钻头和地层而定），将旧钢丝绳拆股后截成钻头内径约 2/3 长度塞入孔中，以铆钉铆牢，再把钢丝分开，布成网状，这样钻头就制成了。再配以跟管，既利钻进，又利取心。

③植物胶泥浆配单动双管取心钻具

植物胶泥浆是近几年来发展起来的新型泥浆，它能在孔壁和岩心表面形成保护膜，民可保护孔壁又可保护岩心。配以单动双管金刚石取心钻具，在砂卵砾石层中钻进可取得较好的效果。

（4）钻孔弯曲与纠正

易斜地层也就是强造斜地层，它与岩石自身的特性和构造有关，也与钻进工艺有关。一般在片麻岩地层、产状较陡的地层中易产生孔斜。

①钻孔弯曲的原因

引起钻孔弯曲既有地层方面的原因，也有钻进工艺及操作原因。

a．地层方面：大裂隙、断层、破碎带、软硬互层、溶洞及地层倾角大等都易引起孔斜。如钻头由硬岩层进入较软岩层，由于软的一面进尺快，硬的一面进尺慢，钻孔就有向硬岩层方向弯曲的趋势，如果硬岩层在上则钻孔易产生上漂，硬岩层在下则钻孔易产生下垂。

b．钻进工艺及操作方面：钻机安装不平整，孔口管下得不垂直，粗径钻具过短，径不带上导向，扩孔不带下导向，钻压过大引起钻具偏斜。

②钻孔弯曲的预防

a．地层方面：通过已有钻孔摸索工作区内钻孔弯曲规律，利用它的规律反其道而行口口之。尽量避开裂隙、断层、破碎带等。

b．钻进工艺及操作方面：对于易斜地层采用轻压、快转规程参数。针对操作方面的．原因，逐个消除。如采用满眼钻具，刚性钻具、钟摆钻具，变径扩孔时带较长导向，采用，钻挺加压等。

③钻孔弯曲的治理

如果已发生较严重的钻孔弯曲，以致不能达到设计目的而使钻孔濒临报废的程度怎么办呢？纠斜的办法有以下几种。

a．下定向偏心楔，纠偏。

b．灌水泥等达到一定强度后用刚性较好的钻具重新钻出新孔。这种方法只适宜于地．层硬度接近或低于水泥石硬度的钻孔。

c．专用工具纠斜，专用工具包括螺杆钻和机械式连续造斜器。前者适宜于较软地层，且要求曲率半径较大；后者适宜于较完整地层，曲率半径较小的条件。

（5）提高岩心采取率及岩样补取

可以这么说，对于大多数工程地质钻探来讲，钻探的目的就是为了取样。所以提高岩．心采取率，保质保量取出岩样是十分重要的。

①提高岩心采取率的途径

a．合理的钻进工艺参数；

b．适用的取心工具，如单动双管钻具、双动双管钻具、半合管钻具等，这些钻具都．可使岩心采取率达到较高的水平。

还有一些技术措施可参见金刚石钻进操作要点。

②岩心补取方法

a．下偏心楔侧钻补取岩样。这种方法就是在岩样采取未达到要求的层位下入偏心楔，用钻具偏斜钻进补取岩样。这种方法与下偏心楔纠斜类似，只是不需要定向下楔而翼已。

b．使用侧壁取样器。它也是一种专用工具，结构较复杂。在工程地质钻探中很少使用，在深孔及石油天然气钻井中有使用。

c．砂卵石层钻进的钢丝钻头也是一种在破碎地层钻进中取心的工具，它一般只能用在孔底，用在某一孔段内就比较困难了。

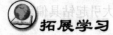 拓展学习

钻探设备的选型

钻探设备主要是指钻机、泥浆泵、动力设备、钻塔，由于动力一般是钻机等附带

的，所以钻探设备的选型也就是恰当地选择钻机、泥浆泵、钻塔这三大件。选择好将对提高生产效率、降低成本具有重要意义。

1.选型依据

1）钻机选型的依据

（1）施工目的：如进行标贯试验时应使用冲击钻机。

（2）地质条件及场地状况：如地质条件较好，钻孔结构简单，可使用整机性能较好、储备功率（能力）较少的钻机；反之则应使用储备功率（能力）较多，解体性能好，部件重量轻的钻机。

（3）钻进方法：如用钢粒或合金钻进可使用手把钻机或低速钻机，采用金刚石钻进则应使用油压高速钻机。

（4）孔深：孔深时用深孔钻机，孔浅时用小型浅孔钻机。

（5）孔径（或岩样直径）：孔径大自然钻具重量大，消耗的功率大。

（6）钻杆规格：目前钻机能力与所使用的钻杆有直接关系，因为这关系到钻机的提升

2）泥浆泵的选择依据

泥浆泵有两个主要指标，即泵量和泵压。泵量影响泥浆的孔内流速，泵压影响所钻孔

（1）地层情况：地层完整、无漏失可适当选小排量的泵，反之应选择较大排量的泵。

（2）钻杆与孔径的级配：如果环空面积大，泥浆排量就要大，反之泥浆排量可适当减少。

（3）孔深：孔越深，泥浆循环时经过的路程就越长，产生的阻力损失也越大，所以孔深时应选用工作泵压较大的泥浆泵，孔浅时可选用工作泵压较小的泥浆泵。

（4）钻进方法：如金刚石钻进产生的岩屑颗粒较细，所需的上返泵量就小些，用潜孔锤钻进则产生的岩屑颗粒较粗，所需上返的泵量就大些。

（5）泥浆性能：如泥浆密度大、黏度高，则泵送阻力大；泥浆密度小、黏度低，则泵送阻力小。

3）钻塔的选型依据

当前在工程地质钻探中使用的钻塔类型较多，如门塔、A字塔、桅塔、三脚塔、四脚塔等。选择钻塔有三个依据：

（1）孔深：孔深时所用钻具的立根就长些，以便提高起下钻速度，故塔应高些，反之可矮些。

（2）钻具：钻具重量大，则所选钻塔承载力就应大些，反之小些。

（3）场地条件：场地平整，运输方便，则可选用整体性好的塔，反之则应改用易于解体的轻便塔型。

2.设备配备原则

为了安全、保质、保量完成工程地质钻探工作，提高技术经济效益，设备配备时

应遵循以下原则。

1) 能力略有储备原则

如280m深的孔，在比较简单的地层和较小口径，配φ50钻杆时，使用 XY-2 钻机是比较经济的。如果地层复杂一些，用 XY-2 钻机就不合适了，应使用 XY-3 钻机。如果在钻进过程中遇到一些困难就可用 XY-3 钻机储备能力去解决。但过多的储备就是浪费，使搬运困难，动力消耗增加等。泥浆泵和钻塔也是如此。

2) 钻进方法兼顾原则

如有些工程地质钻探，由于地层或目的不同需用合金钻进和金刚石钻进，那么钻机就应优先满足金刚石钻进的工艺要求，使用潜孔锤钻进则应考虑泥浆泵能满足携带粗粒岩屑的要求。

3) 工作量兼顾原则

如一个施工区内既有浅孔也有深孔，而深孔较多，既有小口径也有较大口径，则在不增加设备的前提下，以满足深孔和较大口径工作量为主。否则，要多增加几套设备，在人员配备上，经济效益上都是划不来的。

4) 充分利用已有设备原则

这个原则是显而易见的，如果为了一个小项目而兴师动众，购置或租用设备，那在经济上肯定是不合算的。在这个时候，在保证工程安全顺利施工的前提下，大马拉小车或小马拉大车也是合情合理的作为。

3.粉体喷射深层搅拌施工（粉喷桩）

1) 粉体喷射深层搅拌法的工作过程

粉体喷射深层搅拌法是利用压缩空气，通过一个特殊装置一起将粉体固化材料带入高压胶管，经过搅拌轴输送到搅拌叶片的喷嘴喷出，借助搅拌叶片旋转，在叶片的背后面产生空隙，安装在叶片背后面的喷嘴将压缩空气连同粉状固化材料一起喷出。喷出的混合气体在空隙中压力急剧降低，促使固化材料就地黏附因搅拌产生空隙的土中，搅拌半周后另一叶片把土与粉体固化材料搅拌混合在一起。与此同时这个叶片背后的喷嘴将混合气体喷出，这样周而复始搅拌，喷射，提升。分离后的空气通过搅拌轴周围的空隙上升到地面而释放。因此搅拌轴断面是四方或六方形而不是圆形断面，以利释放空气。

2) 特点

（1）粉体固化材料可更多地吸收软土地基中的水分，对加固含水量高的软土，极软土以及泥炭化土地基更适用，效果更为显著。

（2）固化材料全面地被喷射到靠搅拌叶片旋转过程中产生的空隙里，同时又靠土的水分把它黏附到空隙内部，随着搅拌叶片的搅拌使固化剂均匀地分布在土中，不会产生不均匀的散乱现象，有利于提高地基土的加固强度。

（3）与高压旋喷和浆喷深层搅拌比，输入地基土中的固化材料要少得多，无浆液排出，无地面起拱现象。加固 $1m^3$ 软土需水泥 80~100kg，岩土条件适宜用生石灰时仅需 40kg。

（4）施工时不会发生粉尘外溢现象而污染环境，排出的只有空气，比旋喷和浆喷深层搅拌优越，几乎无材料损耗。

（5）粉体可以一种材料，也可是多种材料的混合体，因此来源广，成本低，对地基土加固适应性强，可用作建筑物的地基加固，防止土体滑动的支护桩，挡土墙以及水工构筑物的基础等。

3）施工机械配套设备

粉体喷射搅拌机械一般由搅拌主机、粉体固化材料供给机、空压机、搅拌翼片和动力部分等组成。我国生产的 GPP-5 型粉喷搅拌机主要性能指标见表 3-3，图 3-11 为粉喷搅拌机配套机械示意图。

表 3-3　GPP-5 型粉喷搅拌机主要性能指标

粉喷搅拌机	搅拌轴 /mm	108×108 (7500＋5500)	YP 型粉体喷射机	储料量 /kg	200
	搅拌翼外径 /mm	500		最大送粉压力 /MPa	0.5
	搅拌轴转速 /(r·min⁻¹)	正（反）28.50, 90		送粉管直径 /mm	50
	扭矩 /(kN·m)	4.9 8.6		最大送粉量 /(kg·min⁻¹)	100
	电机功率 /kW	30		外形尺寸 /m	2.7×1.82×2.46
起吊设备	井架高度 /m	门型－3 级－14m	技术参数	一次加固面积 /m²	0.196
	提升力 /kN	78.4		最大加固深度 /m	12.50
	提升速度 /(m·min⁻¹)	0.48, 0.8, 1.47,		总质量 /t	9.20
	接地压力 kPa	34		移动方式	液压步履

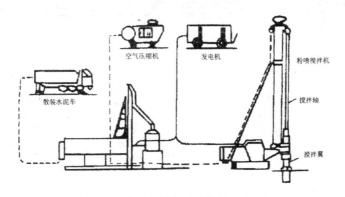

空气压缩机　　发电机　　粉喷搅拌机

散装水泥车

搅拌轴

搅拌翼

图 3-11　粉喷搅拌机配套机械示意图

4）施工工艺

粉体喷射深层搅拌法施工工艺流程如下：

机械就位→贯入→贯入至设计深度→提升搅拌→喷射→至孔口→结束。

从工艺流程来看，工艺比较简单，下面对以上过程作一说明：

在使搅拌钻头对准桩位后，启动粉喷搅拌钻机，钻头边旋转边钻进，贯入时喷射压缩空气，搅拌至设计深度时停止向下钻进。启动粉体喷射机，使搅拌钻头一边反向旋转，一边提升，不断喷射粉状固化材料与土体拌合均匀，将搅拌钻头提升距地面 30~50cm 关闭粉体喷射机，以防粉体溢出地面，即完成该桩（柱）的施工转入另一桩位，如有必要可重复上述步骤进入复喷复搅。

如遇土体含水量很高，强度低的软弱土，出现液化的土，可在向下钻进搅拌的同时喷射粉体固化材料，改善土的稠度，以防由于压缩空气的脉动使粉体液化。

任务实施

1. 叙述粉体喷射深层搅拌法施工工艺流程。
2. 通过粉体喷射深层搅拌桩加固地基。

总结与评价

评价内容	评价指标	标准分	评分
安全意识	能否进行安全操作	20	
作业过程	操作熟练程度	20	
分配能力	分工是否明确	20	
团队协作	相互配合默契程度	20	
归纳总结	总结的是否齐全面	20	

南开大学出版社网址：http://www.nkup.com.cn

投稿电话及邮箱： 022-23504636   QQ：1760493289
                                QQ：2046170045(对外合作)
邮购部：   022-23507092
发行部：   022-23508339   Fax：022-23508542

南开教育云：http://www.nkcloud.org

App：南开书店 app

　　南开教育云由南开大学出版社、国家数字出版基地、天津市多媒体教育技术研究会共同开发，主要包括数字出版、数字书店、数字图书馆、数字课堂及数字虚拟校园等内容平台。数字书店提供图书、电子音像产品的在线销售；虚拟校园提供 360 校园实景；数字课堂提供网络多媒体课程及课件、远程双向互动教室和网络会议系统。在线购书可免费使用学习平台，视频教室等扩展功能。